Tobias Hürter / Max Rauner

Die verrückte Welt der Paralleluniversen

PIPER

Zu diesem Buch

Unser Universum ist nur eines von vielen, und jeder Mensch hat in den Weiten des Kosmos unzählige Doppelgänger. Kein Witz. Das behaupten seriöse Physiker. Tobias Hürter und Max Rauner berichten live von der Entstehung eines neuen Weltbilds, das die größte wissenschaftliche Revolution seit Kopernikus bedeuten könnte. Und sie gehen der Frage nach, was das »Multiversum« für jeden von uns bedeutet: Was sind wir, wenn wir nicht mehr einzigartig sind? Werden wir unsere Nachbarn im nächsten Universum je kennenlernen? Warum den Müll trennen, wenn unsere Doppelgänger ohnehin alles in dieselbe Tonne werfen? Und gibt es noch einen Platz für Gott?

Tobias Hürter, geboren 1972, studierte Philosophie und Mathematik und ist Autor des P. M.-Magazins.

Max Rauner, geboren 1970, promovierte in Physik und ist Redakteur bei ZEIT Wissen. Rauner wurde 2008 mit dem »Georg von Holtzbrinck Preis für Wissenschaftsjournalismus« und dem »Prix Media« der Schweizer Akademie der Naturwissenschaften ausgezeichnet.

Tobias Hürter / Max Rauner

Die verrückte Welt der Paralleluniversen

Wie oft gibt es uns wirklich?

Piper München Zürich

Mehr über unsere Autoren und Bücher:
www.piper.de

Ungekürzte Taschenbuchausgabe
März 2011

Umschlag: semper smile, München
Umschlagillustration: Vitali Konstantinov
Autorenfotos: Katharina Sturm (Tobias Hürter), Harro Albrecht (Max Rauner)
Satz: BuchHaus Robert Gigler, München
Papier: Munken Print von Arctic Paper Munkedals AB, Schweden
Druck und Bindung: CPI – Clausen & Bosse, Leck
Printed in Germany ISBN 978-3-492-26407-5

Unseren Doppelgängern.

Inhalt

Vorwort

Haben Sie sich schon mal gewünscht, Sie könnten die Zeit zurückdrehen und Ihrem Leben eine andere Wendung geben?

Am 7. November 2000 hätte der amerikanische Vizepräsident Al Gore diese Fähigkeit gut gebrauchen können. Es ist der Tag der Präsidentschaftswahl. Die Wahlnacht entwickelt sich zum Krimi. Zuerst erklären die Fernsehsender Al Gore zum Sieger, dann liegt plötzlich Herausforderer George W. Bush im entscheidenden Staat Florida vorn. Um halb drei Uhr morgens macht Gore einen folgenschweren Fehler. Er ruft Bush an, gratuliert ihm zum Sieg und lässt sich durch den Regen nach Hause fahren. Doch im Lauf der Nacht schrumpft Bushs Vorsprung in Florida wieder. Um viertel vor vier greift Gore noch einmal zum Telefon. »Things have changed«, sagt er zu Bush.

Zu spät. Das Bild des Verlierers ist in der Welt. Es folgt eine wochenlange Hängepartie, dann stoppt das Verfassungsgericht die erneute Auszählung der Stimmzettel in Florida. Der 43. Präsident der Vereinigten Staaten heißt George W. Bush, nicht Albert A. Gore.

Ein paar Monate nach der Präsidentschaftswahl, Bush ist längst im Amt, geschieht etwas Seltsames. Im wichtigsten Fachblatt der Physiker, *Physical Review*, erscheint ein höchst merkwürdiger Artikel des Physikprofessors Alexander Vilenkin. Auf den ersten Blick wirkt der Text ganz normal. Auf zehn Seiten lässt sich Vilenkin nüchtern und mit den üblichen Formeln über die Beschaffenheit des Universums aus. Doch im letzten Abschnitt heißt es plötzlich: »Manchen Leser wird die Nachricht freuen, dass es unendlich viele Regionen [im Kosmos] gibt, in denen Al Gore Präsident ist und – ja! – Elvis noch lebt!« Und der Autor legt noch eins drauf. An die Leser gewandt, schreibt er: »Jedes Mal, wenn Ihnen durch den Kopf schießt, dass ein schreckliches Unglück hätte geschehen können, dürfen Sie sicher sein, dass es in einigen Regionen [des Kosmos] geschehen ist. Wären Sie um ein Haar verunglückt, hatten Sie in manchen Regionen mit derselben Vorgeschichte weniger Glück.«

Ist hier einem Physiker die Phantasie durchgegangen? Hat Alexander Vilenkin zu viele schlechte Zukunftsromane gelesen? Im Gegenteil. Vilenkin gilt als Vordenker seines Fachs, der Wissenschaft vom Universum. Und Spekulationen, die wie *Science-Fiction* klingen, werden neuerdings als seriöse Wissenschaft gehandelt. Niemand sollte sich mehr wundern, wenn in einer führenden Physikzeitschrift ein Artikel erscheint, in dem es um Doppelgänger und Paralleluniversen geht. Verwunderlich ist allenfalls, warum die Physiker erst jetzt darauf kommen.

Eine unverschämte Idee erobert die Wissenschaft, und von dieser Idee und ihren Konsequenzen handelt dieses Buch. Der Grundgedanke lässt sich in einem Satz zusammenfassen und ist ebenso schlicht wie unglaublich: Unser Universum ist nur eines von vielen, und jeder Mensch hat Doppelgänger in anderen Universen.

Wenn Ihnen diese Vorstellung ziemlich abgedreht vorkommt, geht es Ihnen wie uns, als wir mit der Recherche für einen Artikel über das Multiversum begannen. Dann wurde es spannend. Zunächst hielten wir die Parallelwelten für eine Gedankenspielerei verschrobener Physiker. Bald jedoch wurde deutlich, wie sehr das Thema Wissenschaftler wie Nichtwissenschaftler umtreibt und wie vehement die Idee von ihren Gegnern bekämpft wird. Das Multiversum lässt niemanden gleichgültig.

Tatsächlich glauben heute immer mehr Physiker, dass es nicht nur ein All, sondern viele Universen gibt, und dass all diese Universen eine unüberschaubare Vielfalt fremder Welten bilden, vergleichbar mit einem grenzenlosen Meer mit unzähligen bewohnten und unbewohnten Inseln. Hollywood-Regisseure und Schriftsteller haben dieses Szenario durchgespielt, Philosophen und Theologen sind daran verzweifelt. Doch nun wird die Theorie der Paralleluniversen zunehmend auch von Naturwissenschaftlern mit vollem Ernst vertreten. Gut möglich, dass sie am Ende recht behalten. Dann steht die Menschheit vor dem größten Umbruch ihres Selbstbildes seit der kopernikanischen Revolution. Nikolaus Kopernikus machte im 16. Jahrhundert Schluss mit der jahrtausendealten Vorstellung, die Erde ruhe im Zentrum des Universums. Heute planen Wissenschaftler den nächsten großen Schritt. Statt eines einzigen Universums postulieren sie eine unüberschaubare Vielfalt von Universen: das Multiversum, Megaversum oder Pluriversum. So nennen sie die Gesamtheit aller Universen. Größer geht's nicht.

»In hundert Jahren«, prophezeit der Physiker Leonard Susskind, »werden Philosophen und Physiker wehmütig auf die Gegenwart zurückblicken und sich an ein goldenes Zeitalter erinnern, in dem die kleinbürgerlich enge Vorstellung vom Universum des 20. Jahrhunderts einem größeren und besseren Megaversum mit einer Landschaft von Schwindel erregenden Ausmaßen Platz machte.«

Haben die Physiker noch alle Tassen im Schrank? Die Theorie vom Multiversum hat eine heftige Kontroverse ausgelöst, denn noch ist keineswegs klar, ob man die Theorie jemals überprüfen kann. Trotzdem steht einiges auf dem Spiel. Nicht nur für die Wissenschaft. Für jeden von uns.

Dieses Buch berichtet live von einer wissenschaftlichen Revolution. Es hilft beim Navigieren durch die gedanklichen Weiten des Multiversums. Wir zeigen, wie Schriftsteller, Regisseure und Philosophen die Idee der Vielen Welten gedacht haben, diskutieren die Gefahren der spekulativen Multiversumsidee für die Wissenschaft und loten die Konsequenzen aus, sollte das Multiversum tatsächlich existieren: Was ist der Sinn des Lebens in einem Multiversum mit unendlich vielen Doppelgängern? Werden wir unsere Doppelgänger jemals kennenlernen? Und ganz praktisch: Muss ich den Müll trennen, wenn mein Doppelgänger in der anderen Welt ohnehin alles in dieselbe Tonne wirft? Muss ich eine Fahrkarte kaufen, während meine Doppelgängerin jeden Tag schwarzfährt?

Das Multiversum scheint zu verrückt, um wahr zu sein. Einerseits. Andererseits hielt man vor fünfhundert Jahren auch die Vorstellung für absurd, die Erde würde sich um die Sonne bewegen und dabei noch um ihre eigene Achse drehen. Zweihundert Jahre später gehörte diese Weltsicht zur Allgemeinbildung, heute ist die Erdumdrehung schlicht eine Tatsache.

Was also muss geschehen, damit eine verrückt anmutende Idee zur Mehrheitsmeinung der Wissenschaft und schließlich zum allgemein akzeptierten Weltbild wird? Davon handelt der erste Teil des Buches. Hier rekapitulieren wir die kopernikanische Revolution, die moderne Schöpfungsgeschichte vom Urknall und das rissige Weltbild der Kosmologie von heute und schließen erste Bekanntschaft mit dem Multiversum. Wer eine Abkürzung nehmen möchte, der lese das vierte Kapitel und den zweiten Teil des Buches (Kapitel 8 bis 14). Darin ergründen wir, warum die

Theorie vom Multiversum unter Experten derzeit so beliebt ist, und machen uns auf die Suche nach unseren Doppelgängern in Paralleluniversen. Tatsächlich haben Physiker vorsorglich schon mal ausgerechnet, in welcher Entfernung unser nächster Doppelgänger anzutreffen wäre. Wir begleiten Astronomen auf der Suche nach intelligentem Leben und beleuchten die zunehmend verzweifelte Suche nach der Weltformel. Und wir fragen nach dem Sinn des Lebens und dem Platz Gottes im Multiversum.

Dieses Buch hat zwei Autoren aus derselben Welt, aber mit unterschiedlichen Meinungen. Ein Jahr lang haben sie recherchiert, Bücher gewälzt und unzählige Gespräche mit Skeptikern und Vertretern des Multiversums geführt. Tobias Hürter freundete sich während dieser Zeit mit der Idee an, dass die Welt, in der wir leben, möglicherweise aus vielen Welten besteht. Max Rauner fand die Theorie des Multiversums immer verrückter. Die Diskussionen haben Spaß gemacht. Mit diesem Buch wollen wir niemanden zum Multiversum bekehren. Wir wollen davon überzeugen, dass es sich lohnt, weiter zu denken, als man sehen kann. Machen Sie Ihren Kopf frei für die größte aller Welten.

Tobias Hürter und Max Rauner
Oktober 2009

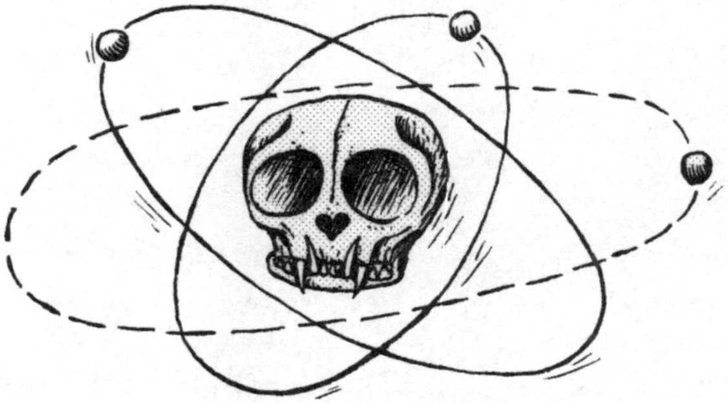

1 Willkommen im Multiversum!

Es ist würklich möglich, daß Gott viel Millionen Welten erschaffen habe.

Immanuel Kant,
Gedanken von der wahren Schätzung der lebendigen Kräfte, 1746

Der Sarg war gut erhalten und lag 32 Zentimeter tief unter dem Marmorboden. Außen Eisenbeschläge, innen mit Stoff bezogen. Der Schädel ruhte auf einem mit Stroh gefüllten Seidenkissen, das Skelett war zierlich. Eine Frau um die 20, schätzten die Archäologen. Uninteressant, befanden sie und gruben weiter.

Im zweiten Grab stießen sie auf die Gebeine eines Mannes um die 50, die Gesichtsknochen eingedrückt, das dritte Grab beschädigten die Archäologen beim Ausgraben, im vierten und fünften Grab wieder nur Männer zwischen 40 und 50. So ging es Monat für Monat. Wie Eber auf Trüffelsuche gruben sich die Forscher durch den Dom von Frombork an der polnischen Ostseeküste. Im dreizehnten Grab, beim Altar des Heiligen Kreuzes, fanden sie den Schädel eines Mannes, der zwischen 60 und 70 Jahre alt gewesen sein musste, als er starb. Waren das die lange gesuchten Knochen? Ein DNA-Vergleich mit einem Haar, das man in einem Buch des Gesuchten gefunden hatte, brachte im November 2008 Gewissheit: Dies war der Kopf von Nikolaus Kopernikus, Domherr von Frombork, Hobbyastronom, gestorben im Jahr 1543, verantwortlich für die größte Revolution seit Menschengedenken.

»Das ist ein großes Ereignis für Frombork«, sagte Bischof Jacek Jezierski, der die Suche nach den sterblichen Überresten des Kopernikus in Auftrag gegeben hatte. Im Frühjahr 2010 werden die Gebeine feierlich beigesetzt, in einem »schönen Sarkophag«, wie der Bischof verspricht. Die Welt wird Anteil nehmen.

Was für eine Karriere: zu Lebzeiten unbeachtet, kurz nach dem Tod ein Aufrührer, heute ein Held.

Kopernikus stürzte ein 2000 Jahre altes Weltbild und verbannte den Menschen vom Nabel des Universums. Seit der Antike hatten die Menschen geglaubt, die Erde stehe im Zentrum der Welt und die Sonne kreise um die Erde wie andere Planeten auch. Ein Trugschluss, behauptete Kopernikus. In Wirklichkeit stehe die Sonne im Zentrum, und die Erde kreise auf einer Umlaufbahn zwischen Venus und Mars um die Sonne. Der Wechsel von Tag und Nacht wird durch die Drehung der Erde verursacht. Als sein Werk *De revolutionibus orbium coelestium* über das heliozentrische Weltbild in Nürnberg gedruckt wird, erleidet der neunundsechzigjährige Kopernikus in Frombork einen Schlaganfall. Wenige Monate später ist er tot, aber seine Ideen sind in der Welt. Die Kirche leistet Widerstand. Vergebens.

Die kopernikanische Wende erschütterte das Selbstverständnis des Menschen. Die Kirche fügte sich irgendwann. Nicht nur Kopernikus wird nun feierlich wieder begraben, auch Galileo Galilei, zu Lebzeiten zum Hausarrest verurteilt, erhält 400 Jahre später höchste Anerkennung von seinen früheren Gegnern. Der Vatikan ehrte ihn im internationalen Jahr der Astronomie 2009 erstmals mit einer Heiligen Messe. Und Papst Benedikt XVI. lobte Galilei ausdrücklich in seiner Weihnachtsbotschaft und fügte hinzu, die Naturgesetze seien »ein guter Anlass, in Dankbarkeit der Schöpfung des Herrn zu gedenken«.

Das klingt weltgewandt und geläutert – die Naturwissenschaftler sind aber schon einen Schritt weiter. Während die Kirche ihre Vergangenheit aufarbeitet, planen sie einen Umsturz, der die kopernikanische Revolution noch in den Schatten stellen könnte: Unser Universum ist nur eines von vielen, und jeder Mensch hat Doppelgänger in anderen Universen. Dies behaupten jedenfalls seriöse Physiker. Sie forschen an den besten Universitäten der Welt, sie publizieren in renommierten Fachzeitschriften, sie gehören zur Führungselite der Theoretischen Physik.

Und sie meinen es ernst.

Ein halbes Jahrtausend nach Kopernikus stehen die Zeichen wieder auf Revolution: Das Universum wird zum Multiversum. Es gibt nicht nur ein Universum, sondern unendlich viele. Eines davon bewohnen wir, eine Nische im plurifizierten Kosmos. Jede denkbare Welt existiert wirklich, jede mögliche Geschichte spielt sich irgendwo ab. Die kopernikanische Revolution ist zu Ende gedacht.

Wenn die kopernikanische Wende eine »Kränkung« war, wie Sigmund Freud es formulierte, dann ist das Multiversum ein Affront. Der Physikprofessor Alexander Vilenkin von der Tufts University bei Boston, Massachusetts, formuliert es in aller Nüchternheit: »Mit der Herabstufung der Menschheit auf die vollkommene kosmische Bedeutungslosigkeit ist unser Abstieg vom Mittelpunkt des Universums endgültig vollzogen.« Die Vollendung der kopernikanischen Revolution ist ein Gemeinschaftsprojekt, und Vilenkin, ein stiller, schmaler Mann um die 60, ist einer der Projektleiter.

Früher hatte die Kirche das Monopol auf die Schöpfungsgeschichte, dann kamen Universalgelehrte wie Kopernikus und Newton, heute sind es Physiker wie Vilenkin, die uns die Welt erklären. Was war am Anfang? Woher kommen wir? Wohin gehen wir? Albert Einstein formulierte 1915 die Allgemeine Relativitätstheorie, damit berechnen Physiker Schwarze Löcher, die Expansion des Weltalls und die Geburt von Sternen und Galaxien. Zehn Jahre später kam die Quantentheorie hinzu, sie beschreibt die Mikrowelt der Atome. Kurz darauf formulierte der Physiker Georges Lemaître erstmals die Grundidee der Urknalltheorie, der zufolge alle Materie und Energie des Universums einst in einem heißen und dichten Punkt konzentriert war und anschließend auseinanderflog.

Vilenkin ist es gewohnt, ausgetretene Pfade zu verlassen. Als er in den Sechzigerjahren Physik studierte, wurde die Urknalltheorie immer populärer – und die Sowjetunion immer ungemütlicher. Der Student Vilenkin weigerte sich, dem Geheimdienst KGB als Informant zu dienen. Der KGB setzte ihn auf die Schwarze Liste, Bildungsberufe blieben ihm verwehrt. Vilenkin verdingte sich als Nachtwächter im Zoo von Charkow, einer Stadt im Norden der Ukraine. Er sollte einen Spirituosenkiosk bewachen. Er hatte ein Gewehr, aber er wusste nicht, wie man es benutzte. Die Tiere hinter Gittern taten ihm leid. In den Nächten, in denen er nicht betrunken war, dachte er über das Universum nach. 1976, im Alter von 26 Jahren, durfte Vilenkin auswandern. Zwei Jahre später wurde er als Professor an der Tufts University angestellt. Dort hatte er die unverschämte Idee der Vielen Welten.

Als Vilenkin mit seinem russischen Kollegen Andrei Linde die Kraft berechnete, die das Universum nach dem Urknall aufgebläht hatte, gelangten die beiden zu dem Schluss, dass die Aufblähung außerhalb unseres Universums andauern muss. Das aber hieße: Jenseits unseres Universums bilden sich ständig neue Universen wie Blasen

F2
F8

in einem Schaumbad. Pro Blase ein Urknall und damit ein neues Universum. Und weil es so eine unvorstellbare Vielzahl an Universen gibt, existieren in vielen von ihnen auch Lebewesen, Menschen und sogar Doppelgänger von uns.

»Der Urknall, den wir in unserem Teil des Multiversums hatten, war kein einzigartiges Ereignis, wie wir bisher dachten«, sagt Vilenkin. »Es gibt unzählige Urknalle an entfernten Orten, viele in der Vergangenheit, aber auch viele in der Zukunft. Aus ihnen gehen Regionen hervor, die zum Teil unserem Universum gleichen, zum Teil aber auch ganz anders aussehen. Dieser Prozess hört nie auf.«

Im neuen Bild des Kosmos wirkt unser heimisches Universum winzig wie ein Sandkorn in der Wüste. Einige der anderen Universen sind öd und leer, andere von fremdartigen Naturgesetzen beherrscht oder von überlichtschnellen Teilchen durchflutet. In manchen huschen phantastische Schattenwesen durch zusätzliche Raumdimensionen. Manche Universen ähneln unserem – nur ist John F. Kennedy noch am Leben und mit Marilyn Monroe verheiratet. In anderen, behauptet Vilenkin, gibt es Doppelgänger-Erden, auf denen Dinosaurier überlebt haben und große Autos fahren. In wieder anderen hat Nazi-Deutschland nicht den Krieg verloren, sondern die Weltherrschaft übernommen – »leider«, sagt Vilenkin. »Alles existiert, was nicht von den Naturgesetzen verboten ist.«

Früher herrschte nach Vilenkins Vorträgen oft betretenes Schweigen. Heute klatschen die Zuhörer. Zugegeben, die Vorstellung vieler Welten ist unglaublich. Unglaublich war aber auch das kopernikanische Weltbild vor 500 Jahren. 150 Jahre später war es eine Selbstverständlichkeit.

Die Theorie des Multiversums könnte eines der größten Rätsel der Menschheit lösen: unsere Existenz. Das Universum scheint seit dem Urknall wie geschaffen dafür, eines Tages Sterne, Galaxien, Planeten und Menschen hervorzubringen. Denn wären Naturkonstanten wie die Ladung des Elektrons oder die Schwerkraft nur ein bisschen anders, hätten nach dem Urknall niemals Atome oder Sterne entstehen können. Ist unsere Existenz ein glücklicher Zufall? Oder folgt sie zwingend aus den Naturgesetzen? Einstein formulierte es so: Hatte Gott eine Wahl, als er unser Universum schuf? Gott war für Einstein nur ein rhetorischer Kunstgriff. Er suchte nicht Gott, sondern eine Theorie für Alles, die genau unser, und nur unser Universum mit all seinen Eigenschaften beschreiben würde. Er fand diese Theorie nicht, aber die Physiker träumen bis heute davon.

Leonard Susskind, Jahrgang 1940, Physikprofessor an der Stanford University in Kalifornien, ist einer von denen, die diesen Traum wahr machen wollten. Noch so ein Welterklärer wie Vilenkin und Linde. Susskind zog aus, eine allumfassende Theorie zu finden, die den Urknall ebenso wie die Nanowelt beschreibt, eine Synthese aus Relativitätstheorie und Quantentheorie – die Weltformel. Eines Tages, so hoffte er, würde man aus einer einzigen mathematischen Formel alle Naturgesetze und Naturkonstanten dieser Welt berechnen können. Die Gestalt des Universums wäre dann eine logische Folge dieses Universalgesetzes.

In den Achtzigerjahren glaubte Susskind, den Schlüssel zur Weltformel zu haben: mit der sogenannten Stringtheorie, die er selbst mitbegründet hatte. Dann jedoch zeigte sich, dass die Stringtheorie nicht eine einzige Weltformel liefert, sondern unüberschaubar viele. Im Jahr 2003 dämmerte Susskind, dass es sich vielleicht genauso gehört: Es kann keine eindeutige Weltformel geben, weil es nicht nur eine Welt gibt. Jede Lösung der Stringtheorie beschreibt womöglich ein reales Universum – mit eigenen Naturgesetzen und Naturkonstanten, einer eigenen Geschichte und einer eigenen Zukunft. In einigen Universen ist die Gravitationskraft so stark, dass diese Welten innerhalb kurzer Zeit wieder in sich zusammenstürzen, andere existieren ewig, bleiben aber leer, wieder andere bringen Sterne hervor, aber keine Planeten wie die Erde. Und unser eigenes Universum hatte genau die richtigen Naturgesetze, um 14 Milliarden Jahre nach dem Urknall intelligente Menschen hervorzubringen, die sich über den Ursprung des Universums den Kopf zerbrechen. Unsere Welt ist nur eine lebensfreundliche Insel im Weltenmeer.

Die uralte Grundfrage – Warum ist die Welt so, wie sie ist? – erhält im Multiversum eine ganz einfache Antwort: Unsere Welt ist nur eine von unzählig vielen anderen Welten, die zum Teil ganz anders beschaffen sind, zum Teil unserer ähneln. Unser Universum ist demnach kein Sonderfall, sondern statistische Normalität. So normal wie ein Sechser im Lotto, wenn nur genug Leute mitspielen. Für den Einzelnen mag der Lottogewinn wie ein Wunder erscheinen, für die Masse ist er keine Überraschung.

Im Multiversum ist alles möglich und alles normal.

Susskinds Szenario ähnelte auffallend dem Blasen-Multiversum von Alexander Vilenkin. Susskind wechselte die Seiten. Statt an die Weltformel glaubt er nun an das Multiversum. »Viele meiner Kollegen wollen es nicht wahrhaben«, sagt Susskind, »sie wünschen sich ein elegantes Universum, aber das Universum ist gar nicht so elegant.« Es ist hier so und dort anders, mal einfach, mal kompliziert. Die Theorie des Multiversums werde gewinnen, poltert Susskind, »und Physiker, die das zu leugnen versuchen, werden verlieren.«

Leonard Susskind und Alexander Vilenkin kommen aus unterschiedlichen Teilgebieten der Physik, der eine erforscht die Stringtheorie, der andere den Urknall. Beide Wege führten sie zum Multiversum. Und auch die Kollegen aus der Quantenphysik diskutieren schon länger über die Möglichkeit, dass nicht nur eine, sondern ganz viele Welten existieren. Die Wege kreuzen sich – das ist ein Grund, warum die Theorie derzeit so heftig diskutiert wird. Der zweite Grund: Die Theorie vom Multiversum grenzt an Science-Fiction. Das geht manchen Forschern gegen die Berufsehre.

Nachdem Kopernikus das heliozentrische Weltbild entworfen hatte, war es nur eine Frage der Zeit, bis Galilei mit einem Fernrohr in den Himmel blickte und wichtige Belege für die kopernikanische Theorie fand. Einen solchen direkten Beweis wird es für das Multiversum wohl niemals geben. Muss es auch nicht, um einer Theorie zu vertrauen. Über die Existenz von Atomen spekulierten Naturphilosophen schon vor 2000 Jahren. Indirekte Hinweise gab es schließlich im 19. Jahrhundert, und erst 1955 bildete ein Spezialmikroskop erstmals ein einzelnes Atom ab. Ein anderes Beispiel: Einsteins Relativitätstheorie. Sie ist heute so anerkannt, dass die Physiker damit sogar Schwarze Löcher berechnen, auch wenn kein Forscher jemals ein Schwarzes Loch gesehen hat (auch nicht am Teilchenbeschleuniger LHC in der Nähe von Genf). Schließlich hat die Relativitätstheorie – im Gegensatz zur Multiversum-Theorie – zahlreiche Tests im Experiment bestanden. Aber auch die Theorie vom Multiversum muss sich an irgendeinem Punkt von der Wirklichkeit messen lassen. Wenn sie für unser eigenes Universum brauchbare Erklärungen liefert, könnte man auch ihre Aussagen über Paralleluniversen ernst nehmen. Bleibt das Multiversum reine Spekulation, wäre die Physik am Ende. Oder wieder ganz am Anfang. Denn so begann die Wissenschaft vor 2500 Jahren im antiken Griechenland: mit dem Philosophieren über die Natur.

Es muss einiges zusammenkommen, damit eine neue wissenschaftliche Theorie zur Weltanschauung einer Epoche wird. Der inzwischen verstorbene Soziologe Thomas Kuhn hat Umbrüche dieser Art untersucht, und die kopernikanische Revolution war sein Lieblingsbeispiel. Aus ihr gewann er in den Siebzigerjahren den berühmt gewordenen Begriff des Paradigmenwechsels. Kuhns These: Der wissenschaftliche Fortschritt ist kein geradliniger Prozess, kein stetiges Anhäufen und Erweitern von Erkenntnis. Er verläuft in Sprüngen. Auf ruhige Phasen der »Normalwissenschaft« folgen heftige Krisen, und dann wissenschaftliche Revolutionen, in denen ein neues Paradigma das alte ablöst. Als Nikolaus Kopernikus in Krakau studierte, segelte Christoph Kolumbus unbekannten Kontinenten entgegen. Die Geografie der Erde musste neu geschrieben werden. In Wittenberg schlug Luther seine Thesen an die Schlosskirche. Der Buchdruck wurde erfunden. Die Welt war bereit für einen Paradigmenwechsel.

Vielleicht ist es heute wieder so weit. Die Welt des 21. Jahrhunderts ist globalisiert, unübersichtlich, pluralistisch. Das Multiversum würde dazu passen. Das Weltbild der Postmoderne! Aber es wird sich nicht leichter durchsetzen als einst das kopernikanische Weltbild. Die kopernikanische Revolution dauerte gut 150 Jahre, von Kopernikus' Tod bis zur Veröffentlichung von Newtons Gravitationstheorie im Jahr 1687. Warum sollte es diesmal schneller gehen? Niemand akzeptiert leichthin, dass er in unzähligen Paralleluniversen gleichzeitig lebt. Und bisher ist die These, dass es da draußen andere Universen gibt, lediglich ein sich verdichtender Verdacht. Nur wenn er wenigstens in einigen Punkten empirischen Tests standhält, werden wir die Fortsetzung der kopernikanischen Revolution erleben.

Aber schon jetzt zeichnet sich eine Parallele zur Situation vor 500 Jahren ab: Kopernikus hat das heliozentrische Weltbild nicht erfunden, sondern ihm nur zu seinem Recht verholfen. Andere hatten es vor ihm gedacht. Ähnlich ist es mit dem Multiversum. Auch die Vorstellung vieler Welten hat tiefe Wurzeln in der Geistesgeschichte. Schon im ersten

Jahrhundert vor Christus prophezeite der römische Dichter Lukrez, dass »Himmel, Erde und Meer, auch Sonne und Mond in Unzahl vorhanden sind«. Im 13. Jahrhundert debattierten Kleriker und Gelehrte die Frage, ob ein christlicher Gott unendlich viele Welten geschaffen haben könne. Im 17. Jahrhundert glaubte der Philosoph Gottfried Wilhelm Leibniz, dass Gott mit unserer Welt »die beste aller möglichen Welten« verwirklicht habe. Immanuel Kant sinnierte über Welteninseln weit draußen im Kosmos. Ideen von Multiversen finden sich heute in den Werken berühmter Schriftsteller wie Vladimir Nabokov und Jorge Luis Borges, und unter dem Namen *Alternate History* («andere Geschichte«) beschäftigt sich ein ganzes Literaturgenre mit der Frage: Wie wäre die Geschichte verlaufen, wenn ...?

Im Multiversum ist *Alternate History* keine fiktive Literatur mehr, sondern ein Teil der Geschichtswissenschaft. Seit jeher denken Menschen mit Schaudern und Sehnsucht an fremde Welten. Unsere Zeit könnte die sein, in der sich die Phantasie als Wirklichkeit erweist. Das Multiversum könnte das Weltbild des 21. Jahrhunderts werden. Ob es sich als neues Paradigma durchsetzen wird, ist aber noch keineswegs sicher. In der Größe der Vision vom Multiversum erkennen Kritiker gerade ihren größten Schwachpunkt. Sie sei nichts als Spekulation. Ein Phantasiegebäude, das einstürzen wird. »Ich halte den Ansatz für gefährlich«, sagt der Physikprofessor Paul Steinhardt von der Princeton University über die Idee vom Multiversum. Die Theorie sei zu spekulativ, »die Wissenschaft käme zu einem deprimierenden Ende«.

Wer das Multiversum akzeptiert, opfere hehre Ideale der Wissenschaft, vor allem die Forderung nach Überprüfbarkeit in Experimenten. Denn die Paralleluniversen sind naturgemäß unzugänglich für direkte Beobachtungen. Lichtstrahlen können nicht von einem Universum ins andere gelangen. Darf ein Naturwissenschaftler trotzdem über sie reden? Die Frage entzweit die Physiker. Es sei Verrat an den ewigen Prinzipien der empirischen Forschung, sagen die einen. Die anderen sehen darin eine Befreiung der Naturwissenschaft, eine Öffnung für bisher unerreichbare Fragen. Die Positionen sind abgesteckt. Der Kampf ist eröffnet.

2 Die kopernikanische Revolution

Nichts

Tagebucheintrag von Louis XVI. am 14. Juli 1789

Post vom Bischof, Seine Exzellenz ist ungeduldig. Kopernikus möge endlich den Zölibat respektieren, mahnt Bischof Dansticus. Es ist das Jahr 1538, Nikolaus Kopernikus ist bereits seit gut 40 Jahren als Domherr im ostpreußischen Frombork (deutsch: Frauenburg) im Amt. Er betet für die Reichen, schreibt über die Münzreform und sorgt sich um die Brotpreise, zwischendurch geht er seiner Leidenschaft nach: der Astronomie. Als Domherr darf er sich fein kleiden und Dienstpersonal beschäftigen, muss aber keusch leben. Dieser Herausforderung steht seine Haushälterin Anna Schillings im Weg.

Kopernikus war ein Kirchenfunktionär wie jeder andere, mit den üblichen Lastern (Bischof Dansticus etwa hatte ein uneheliches Kind in Spanien), aber pflichtbewusst. Er entließ Anna Schillings. Gleichzeitig jedoch beschloss er, sein lange zurückgehaltenes Buch *De revolutionibus orbium coelestium* (»Von den Drehungen der Himmelskreise«) drucken zu lassen, mit dem er die Kirche erst so richtig ärgern sollte. Es stürzte ihr Weltbild.

Es ersetzte den heimeligen Kosmos der Antike durch den unendlichen – und unheimlichen – Raum. Das »revolutionibus« im Titel des Werks war damals ein astronomisches Fachwort für die Kreisbewegung der Himmelskörper. Erst später stand »Revolution« auch für politische Umstürze. Kopernikus hatte die Mutter aller Revolutionen angezettelt. Er war ein Querdenker wider Willen. Eigentlich dachte er konservativ und wollte das Weltbild der alten Griechen restaurieren. Stets beteuerte er, das heliozentrische Weltbild sei ein rein mathematisches Gedankenspiel. Andere dachten seine Ideen weiter und verteidigten sie gegen alle Widerstände: Tycho Brahe, Johannes Kepler, Galileo Galilei und Isaac Newton. Die kopernikanische Revolution dauerte anderthalb Jahrhunderte, bis Newtons Gravitationstheorie sie im Jahr 1687 vollendete. Der Mensch hatte das Zentrum der Welt verlassen, und er sollte nie mehr dorthin zurückkehren.

Danach war das Universum nicht wiederzuerkennen. »Alles liegt in Stücken«, jammerte der englische Schriftsteller John Donne zu Beginn des 17. Jahrhunderts, »jeder Zusammenhang, jeder rechte Halt und Bezug ist dahin.« Friedrich Nietzsche schrieb 1885: »Seit Copernicus rollt der Mensch aus dem Centrum ins x.« Sigmund Freud bezeichnete die kopernikanische Revolution – neben Darwins Evolutionstheorie und seiner eigenen Psychoanalyse – als eine der drei großen Kränkungen der »naiven Eigenliebe« der Menschheit, als »kosmologische Kränkung«. Und der Medizin-Nobelpreisträger Jaques Monod resümierte noch 1970: »[Der Mensch] weiß nun, dass er seinen Platz wie ein Zigeuner am Rand des Universums hat, das für seine Musik taub ist und gleichgültig gegen seine Hoffnungen, Leiden und Verbrechen.«

Die kopernikanische Revolution markiert den Anfang der modernen Wissenschaft. Kopernikus, Kepler und Galilei beginnen, die Natur in der Sprache der Mathematik zu beschreiben. Das Experiment setzt sich als Methode des Erkenntnisgewinns durch. Das Ziel der Forscher: mit wenigen Prinzipien möglichst viele Phänomene beschreiben. Ihre neue Leitidee ist, dass die Natur festen Gesetzen folgt, auch wenn Gott als Gesetzgeber zunächst unbestritten bleibt.

Heute, zu Beginn des 21. Jahrhunderts, hat die Wissenschaft vom Kosmos, die Kosmologie, eine lange, gemächliche Phase der Normalität hinter sich. Das vorherrschende Paradigma ist die Lehre vom Urknall. Kein Forscher zweifelt daran. Das Urknallmodell erklärt vieles, was die Astronomen mit ihren Teleskopen sehen. Aber nicht alles. Je genauer sie das Weltall vermessen, desto mehr Schönheitsfehler erkennen sie. Sie benötigen seltsame Annahmen, um das Modell aufrechtzuerhalten: Innerhalb der ersten Sekunde muss das Universum sich unglaublich schnell ausgedehnt haben, getrieben von einer gewaltigen Kraft – aber von welcher? Vor zehn Jahren stellten die Physiker fest, dass sie wohl 70 Prozent des Weltalls übersehen haben müssen, die sogenannte Dunkle Energie. Treibt sie das Universum auseinander wie eine Art Antischwerkraft? Oder ist die Dunkle Energie nur eine optische Täuschung? Die Wissenschaftler sind verunsichert.

Die Suche nach einer Weltformel, die vom Atom bis zum Universum alles erklärt, ist ins Stocken geraten. Die Stringtheorie, seit 20 Jahren die aussichtsreichste Kandidatin für solch eine Theorie für Alles, ist Stückwerk geblieben. Eine Krise? Sieht so aus. Steht uns die nächste wissenschaftliche Revolution bevor? Das werden Historiker erst in ungewisser Zukunft beurteilen können.

Aus der Binnenperspektive wirken Revolutionen oft unscheinbar. »Die Zeitgenossen konnten keine Vorstellung davon haben, wohin Nachgeborene wie Brahe, Bruno, Kepler und Galilei die von Kopernikus entzündete Fackel weitertrugen«, sagt der deutsche Philosoph und Kopernikus-Biograf Martin Carrier. »Es dauert mitunter Jahrzehnte, bis wissenschaftliche Umbrüche in der wissenschaftlichen Gemeinschaft anerkannt sind, und oft noch länger, bis die Öffentlichkeit sie akzeptiert«. Auch die Evolutionstheorie wurde erst ein halbes Jahrhundert nach ihrer Formulierung durch Darwin in der Wissenschaft akzeptiert. »Manchmal werden Revolutionen auch abgebrochen, und man kehrt zu alten Vorstellungen zurück«, sagt Carrier. Und: »Zeitgenossen merken häufig nichts von den Revolutionen, die vor ihren Augen stattfinden.« Das gilt auch für jene, die ganz nah dran sind: Am 14. Juli 1789 kehrte Ludwig XVI. ohne Beute von der Jagd zurück. Er notierte ein einziges Wort in sein Tagebuch: Rien – Nichts. Da brannten in Paris schon die Barrikaden. Sturm auf die Bastille. Der König von Frankreich starb durch die Guillotine.

Das Multiversum – neues Weltbild oder »Nichts«? Für eine Antwort ist es zu früh, für Fragen nicht. Es sind die gleichen Fragen, seit die Menschen Weltbilder schaffen: Wie ist das Universum aufgebaut? Welchen Platz hat der Mensch in der Welt? Warum ist die Welt so, wie sie ist? Und was ist wirklich wahr?

Vom Mythos zur Himmelsmechanik

Vor 3000 Jahren sah die Wahrheit so aus: Jeden Morgen taucht im Osten eine helle Scheibe auf, zieht über den Himmel und geht abends im Westen wieder unter. Die Sonne. Das Schauspiel wiederholt sich etwa alle 24 Stunden, im Sommer steht die Scheibe höher, im Winter niedriger, nach etwa 365 Tagen gehen die Jahreszeiten von vorn los. Nachts ziehen die Sterne über den Himmel, auch ihre Position hängt von der Jahreszeit ab. Dann ist da noch der Mond, der mal nachts, mal tags, mal als Halbmond, dann wieder als Vollmond erscheint, sowie ein paar helle Punkte – die Planeten –, die ziemlich unregelmäßig über das Firmament eiern, mal vorwärts, mal rückwärts, mal schneller, mal langsamer, mal heller, mal blasser.

Jedes Kulturvolk machte sich seinen eigenen Reim auf das Durcheinander am Himmel. Ägypter, Inder, Chinesen und Babylonier, sie alle konstruierten sich ihre Kosmologie. Kosmos ist griechisch und steht für Ordnung und Schönheit – Kosmologie und Kosmetik haben den gleichen Wortstamm. Der Mensch sehnt sich nach einem Zuhause in der Welt, die Kosmologie gab es ihm. Sie bot die Bühne für seine täglichen Verrichtungen und die Aktivitäten der Götter. Kosmologie war eine Projektion der eigenen Lebenswirklichkeit, sie war zugleich Weltanschauung, Aberglaube, Ideologie, Philosophie, Religion und Astronomie. Für die alten Ägypter zum Beispiel war die Erde eine längliche Platte – sie hatten ihr Land schließlich nur entlang des Nils erkundet. Die Platte schwimmt auf Wasser und wird von einem Himmel überwölbt. Die Sonne verkörperte der Gott Re, der zwei Boote besaß, eines für seinen täglichen Kurs durch die Luft und eines für die nächtliche Rückfahrt durchs Wasser. Für die Babylonier im Zweistromland (dem heutigen Irak) war die Erde ein ausgehöhlter Berg und das Wasser, gemischt aus Salz- und Süßwasser, der Ursprung aller Dinge. Der Mond war eine Gottheit, deren Krone je nach Mondphase die Form änderte. Chinesische Kosmologen wiederum verglichen den Himmel mit einer Eierschale und betrachteten die Erde als flache Scheibe am Ort des Eigelbs, umgeben von Wasser.

Mit Wissenschaft hatte das noch wenig zu tun. Zwar beobachteten auch die frühen Kulturen schon den Lauf der Sterne und Planeten. In der Steinzeit hatten Menschen im englischen Stonehenge vierzig Tonnen schwere Steine zu

SCENOGRAPHIA SYSTEMATIS PTOLEMAICI
SATURNUS
MARS
VENUS
MERCURIUS
IUPPITER
SOL
TERRA
LUNA
CLAUDIUS
PTOLEMAEUS
ca. C
ca. CLXXV
V·K

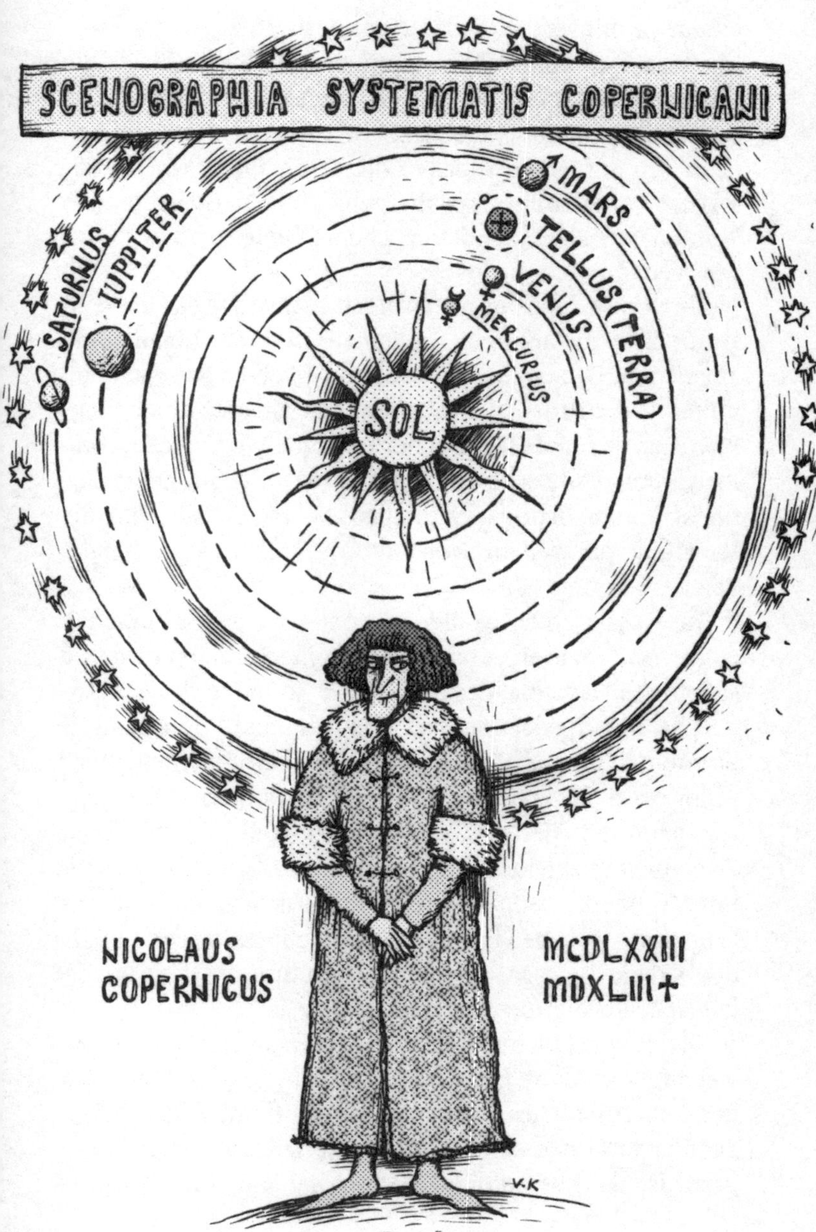
SCENOGRAPHIA SYSTEMATIS COPERNICANI
SATURNUS
IUPPITER
MARS
TELLUS (TERRA)
VENUS
MERCURIUS
SOL
NICOLAUS
COPERNICUS
MCDLXXIII
MDXLIII †
V.K

einem primitiven Observatorium aufgestellt. Die Babylonier notierten im 8. Jahrhundert vor Christus akribisch die Planetenpositionen, im 5. Jahrhundert berechneten sie das Sonnenjahr. Und schon 1400 vor Christus verzeichneten Chinesen auf Orakelknochen die Erscheinung von »Gaststernen« am Himmel, vorübergehend hell aufleuchtenden Sternen, von den abendländischen Gelehrten später »Novae« genannt.

Aber die Menschen waren noch nicht so weit, aus den Himmelsbeobachtungen systematisch eine Kosmologie abzuleiten. Das taten erst die alten Griechen zwischen 600 und 450 vor Christus, allen voran eine Clique von Philosophen aus der Stadt Milet in der heutigen Westtürkei, sowie Pythagoras und seine Anhänger in der griechischen Kolonie Kroton im heutigen Süditalien. Man nennt sie heute die Vorsokratiker, weil ihr Leben und Werk überwiegend in die Zeit vor Sokrates fällt.

Die Vorsokratiker wollten mehr als nur eine Kulisse für Götter und Menschen bauen. Sie wollten erklären, was sie sahen: den regelmäßigen Gang der Sonne und des Mondes, die Bahnen der Planeten. Zeus und die anderen Götter bewohnten immer noch den Olymp, waren aber nicht mehr verantwortlich für jeden Schlenker eines Sterns. Erstmals versuchte der Mensch den Lauf der Welt aus einfachen Prinzipien abzuleiten, mit Verstand statt mit Aberglaube, mit Mechanik statt mit Mythos, mit Wissenschaft statt mit Wundern. Manche Historiker sprechen von dieser Zeit als der »ersten« wissenschaftlichen Revolution. Die kopernikanische Revolution wäre dann die zweite.

Thales von Milet soll so in sich versunken über die Bewegung der Sterne nachgedacht haben, dass er dabei – so berichtet Aristoteles – einmal in einen Brunnen fiel. Thales' Schüler Anaximander von Milet verfasste die Urschrift der griechischen Kosmologie. Er beschrieb die Erde im sechsten Jahrhundert vor Christus als zylinderförmig »wie eine Steinsäule«, im Zentrum des Universums ruhend. Was am Himmel als Sterne sichtbar war, seien kleine Öffnungen in den Hohlfelgen rotierender Wagenreifen, durch die brennende Luft leuchtete. Auch die Sonne sei eine Öffnung in einem Rad um die Erde, nur ist der Radius der Kreisbahn 27-mal größer. Während einer Sonnenfinsternis, so Anaximander, schließe sich der Durchlass für das Sonnenlicht. Grob falsch, aber immerhin ein Mechanismus.

Pythagoras und seine Anhänger versuchten im 900 Kilometer entfernten Kroton, die Welt mithilfe der Mathematik zu erklären. Um 530 vor Christus war Pythagoras im Alter von 40 Jahren von Griechenland nach Süditalien ausgewandert und hatte dort eine philosophisch-religiöse Schule gegründet. Von ihm selbst sind keine Schriften überliefert, denn Pythagoras führte seine Schule wie einen Geheimbund. Sicher ist, dass die Pythagoreer bereits die fünf regulären Polyeder kannten – besonders symmetrische Körper, auch platonische Körper genannt – und diese den Elementen zuordneten. Erde war demnach aus Würfeln aufgebaut (krümelig, weil kantig), Feuer aus Tetraedern (heiß, weil spitz), Luft aus Oktaedern und Wasser aus dem Isokaeder, einem Körper mit 20 Flächen und 30 Ecken. Den Dodekaeder assozierten die Pythagoreer mit dem gesamten Kosmos, die Erde hielten sie für kugelförmig.

Das Multiversum der alten Griechen

Die Weltbilder der Vorsokratiker waren wilde Spekulation, aber wie sonst hätte die Kosmologie sich damals von den Göttern emanzipieren können? Teleskope gab es noch nicht. Heute sind die Götter aus dem Spiel, und die Astronomen schicken modernste Satellitenteleskope ins All. Aber die Vermessung der Welt kann längst noch nicht alle

Fragen nach dem Ursprung und der Entwicklung des Universums beantworten. Und wer glaubt, die nüchternen Physiker würden heute nur noch brav ihre Daten auswerten und empirisch bewiesene Erkenntnisse verkünden, der irrt gewaltig.

Den Philosophen Reiner Hedrich von der Universität Dortmund erinnert die aktuelle Debatte über das Multiversum jedenfalls sehr an das Forschungsprogramm der Vorsokratiker: Es sei »ein metaphysisches Nachdenken über die Natur«. Die Theorie vom Multiversum sei vernünftig in ihrer Logik, urteilt Hedrich, »aber nicht vernünftig genug, um Wissenschaft zu sein«. Auch der dänische Wissenschaftshistoriker Helge Kragh sieht Parallelen: »Trotz allen Wandels hat das moderne Weltbild eine Verbindung zu den Gedanken über das Universum von vor 2500 Jahren« – das Staunen über die Welt.

Heute rätseln Physiker, warum es im Kosmos so viel mehr Lichtteilchen als Atome gibt. Damals wunderte sich der Astronom Eudoxos über die Rückwärtsbewegung des Mars. Grundverschiedene Fragen – und grundverschiedene Wege, nach den Antworten zu suchen. Aber die fundamentalen Fragen sind geblieben: Ist das Universum endlich oder unendlich? Gibt es woanders Leben? Hat die Welt schon immer existiert, oder hat sie einen Anfang? Ist das Universum statisch, oder entwickelt es sich? Und hat es einen Zweck?

Tatsächlich haben die antiken Griechen fast jede kosmologische Idee schon mal angedacht: das heliozentrische Weltbild mit der Sonne im Mittelpunkt, den unendlichen Raum, einen zeitlichen Anfang des Kosmos. Auch die wohl ersten Vertreter des Multiversums waren Hellenen: Der Vorsokratiker Leukipp und sein Schüler Demokrit entwarfen im 5. Jahrhundert vor Christus den Atomismus, demzufolge alle Dinge aus kleinsten unteilbaren Bausteinen bestehen, die unaufhörlich durchs Vakuum wirbeln und sich immer wieder zu neuen Formationen zusammenfinden – Atome eben. Darauf bauten sie eine Kosmologie von mehreren Welten auf, die wie eine erste Multiversum-Theorie anmutet. Sie wäre wohl vergessen, wenn nicht der römische Bischof Hippolytus sie im 2. Jahrhundert nach Christus überliefert hätte, und zwar ausgerechnet in einer Kampfschrift (*Widerlegung aller Häresien*) gegen vermeintliche Gotteslästerer:

> [Demokrit] *lehrt, dass sich die Dinge ständig im Leeren bewegen, dass es zahllose, verschieden große Welten gebe; in einigen Welten gebe es weder Sonne noch Mond, in anderen hätten sie einen größeren Umfang, in wieder anderen seien sie mehrfach vorhanden. Die Abstände der Welten voneinander seien ungleich, bald größer, bald kleiner; die Welten seien zum Teil im Wachsen, zum Teil stünden sie auf dem Höhepunkt, zum Teil seien sie am Vergehen, hier bildeten sich solche, dort verschwänden sie; ein Zusammenstoß vernichte sie. Es gebe Welten ohne Lebewesen, ohne Pflanzen und ohne jede Feuchtigkeit.*

Die heutigen Anhänger des Multiversums könnten es nicht besser formulieren. Und auch schon die ersten Viele-Welten-Theoretiker standen im Ruf von Provokateuren. Hippolytus schimpft über Demokrit: »Er lachte über alles, als ob alles Menschliche lächerlich wäre.«

Ein Trost: Die Geschichte revidiert so manchen Spott. Aus heutiger Sicht waren die Vorsokratiker visionär. Unter ihnen fand sich sogar ein Denker, der die Erde nicht im Zentrum des Universums verortete: Philolaos von Kroton platzierte dort ein »Zentralfeuer« als Energiespender, nicht zu verwechseln mit der Sonne. Die Sonne kreiste ebenso wie die Erde, der Mond, die Fixsternsphäre und die damals bekannten Planeten – Merkur, Venus, Mars, Saturn und Jupiter – um das Zentralfeuer, das die Menschen allerdings nie zu Gesicht bekamen, weil sie die vom Zentrum abgewandte Seite der Erde bewohnten. Außerdem führte Philolaos eine »Gegenerde« ein, die auf der anderen Seite des Zentralfeuers wie ein Spiegelbild der Erde umläuft und die dem Menschen ebenso auf ewig verborgen bleibt. Es war wohl das erste Paralleluniversum der Geschichte, einmal abgesehen vom Sitz der Götter. Wozu die Gegenerde? Ästhetische Gründe. Philolaos wollte die Zahl der beweglichen Himmelskörper auf die besondere Zahl 10 erhöhen.

Der Philosoph, Astronom und Mathematiker Aristarch schließlich, geboren im Jahr 310 vor Christus auf der griechischen Insel Samos, skizzierte wirklich als Erster ein Universum mit der Sonne im Zentrum. Aristarch wird heute auch »Kopernikus der Antike« genannt. Er hatte aus Winkelmessungen die Abstände und Durchmesser von Sonne und Mond berechnet. Er verschätzte sich wegen einiger Messfehler zwar drastisch, erkannte aber, dass die Sonne viel größer, und der Mond kleiner ist als die Erde. Wahrscheinlich verortete er deshalb die Sonne im Zentrum des Kosmos, ließ die Planeten um die Sonne kreisen und nur den Mond um die Erde. Ein verblüffend korrektes Sonnensystem. Knapp 2000 Jahre vor Kopernikus hatte Aristarch das heliozentrische Weltbild entworfen.

Hätte sich die Kosmologie also eine zweitausendjährige Irrfahrt sparen können, wenn sie einfach bei den damaligen Ideen geblieben wäre? Nein. Es gab damals keinen Grund, an das Multiversum der Atomisten oder das Sonnensystem von Aristarch zu glauben. Es kommt nicht nur auf die richtigen Ideen an, sondern auch auf gute Begründungen.

Für damalige Augen war es zwingend, dass die Erde im Zentrum des Universums ruht. Müsste nicht ein ständiger Wind wehen, wenn sie um ihre eigene Achse rotierte? Davon war nichts zu spüren. Und streben nicht nach der Lehre des Aristoteles die schweren Elemente Wasser und Erde zum Mittelpunkt des Kosmos? Weil also alle Gegenstände, die man loslässt, stets gerade zu Boden fallen – auch auf der anderen Seite einer runden Erdkugel –, muss der Globus im Zentrum der Welt ruhen. Würde die Erde um die Sonne oder ein Zentralfeuer kreisen, müssten außerdem die Sterne je nach Position der Erde unter anderen Winkeln auftauchen: nach dem Prinzip der sogenannten Sternparallaxe. Nichts davon zu sehen – zumindest nicht für die alten Griechen. Tatsächlich gibt es die Sternparallaxe, aber weil die Sterne so weit entfernt sind, ist sie winzig und ohne Teleskop nicht zu erkennen.

Aristoteles ordnet das Sonnensystem

Man kann es Platon und seinem Schüler Aristoteles also nicht nachtragen, dass sie dem geozentrischen Weltbild den Vorzug gaben, und einem Claudius Ptolemäus wird niemand verübeln, dass er die pythagoreische Idee einer bewegten Erde »unglaublich lächerlich« fand. Im 4. Jahrhundert vor Christus skizzierte Aristoteles ein Universum, das, später ergänzt von Ptolemäus, für die kommenden zweitausend Jahre die westliche Astronomie dominieren sollte.

Im Zentrum des aristotelischen Kosmos ruht die Erdkugel. Das Universum ist nach außen begrenzt von einer rotierenden Kugelschale, auf der die Sterne befestigt sind. Die Planeten, zu denen auch die Sonne und der Mond zählten, bewegen sich in dem Raum zwischen der Erde und der Fixsternsphäre, und zwar jeder in gleichmäßigem Tempo und auf einer Kreisbahn. Warum? Aus kosmetischen Gründen: Nur diese Bewegung sei kugelförmigen Körpern angemessen, meinte Platon, und Aristoteles argumentierte, nur die kreisförmige Bewegung könne zugleich unendlich sein. Die beiden Philosophen hatten so großen Einfluss, dass ihre Lehre von der Kreisbewegung der Planeten kritiklos akzeptiert wurde. »Keine andere theoretische Vorstellung in den Wissenschaften wurde jemals über eine so lange Zeit für gültig gehalten«, sagt der Philosoph Martin Carrier. Nicht einmal Kopernikus würde später an den Kreisbahnen rütteln. Erst im 17. Jahrhundert wagte Johannes Kepler sie durch Ellipsen zu ersetzen.

Platon und Aristoteles trugen den Astronomen ihre Hausaufgaben auf für die nächsten zwei Jahrtausende: Erkläre die beobachteten Planetenbahnen durch kreisförmige Bewegungen! Es war knifflig. Kein Himmelskörper zieht einfach einen Kreis über das Firmament. Die Astronomen mussten nicht nur die tägliche Rotation der Planeten und Sterne um die Erde berücksichtigen, sondern auch die jährlichen Bewegungen der Planeten relativ zu den Sternen. Und die waren offensichtlich weder gleichmäßig noch kreisförmig.

Am gutmütigsten verhält sich noch die Sonne. Von der Erde aus betrachtet, wandert sie im Laufe eines Jahres in gleichmäßigem Tempo durch die zwölf Sternzeichen des Tierkreises – vom Steinbock zum Winteranfang ostwärts über den Krebs im Sommer bis zum Sternbild des Schützen Ende November. Für die Durchquerung jedes Tierkreiszeichens braucht sie etwa einen Monat.

Dagegen schlingern Venus, Merkur, Mars, Jupiter und Saturn regelrecht über den Himmel. Das wussten schon die Babylonier im 8. Jahrhundert vor Christus, die über die Position von Mond, Sternen und Planeten Buch führten. Auch die Planeten durchlaufen den Tierkreis, aber mal schneller, mal langsamer, auch mal in einer kleinen Rückwärtsschleife westwärts. Noch dazu zeigen Merkur und Venus sich nur in der Nähe der Sonne, mal östlich der Sonne als Abendstern, dann wieder westlich als Morgenstern.

Aristoteles erklärte dieses Durcheinander mit einem physikalischen Mechanismus. Demnach besteht das Universum aus 55 durchsichtigen Kugelschalen oder Kristallsphären, die um einen gemeinsamen Punkt rotieren: den Mittelpunkt der Erde, identisch mit dem Zentrum des Kosmos. Jeder der sieben Planeten (Mond, Merkur, Venus, Sonne, Mars, Jupiter, Saturn) ist von jeweils zwei Schalen eingefasst und wird von diesen bewegt, außerdem berührt die Schale eines Planeten jeweils eine andere Schale des Nachbarplaneten. An der äußersten Schale haften die Sterne. Die Schale wird von einem »ersten Beweger« in Schwung gehalten, einem spirituellen Etwas, über dessen Wesen Aristoteles schweigt. Die Bewegung wird von Kugelschale zu Kugelschale nach innen übertragen, ähnlich wie in einem Getriebe. Fertig war die antike Himmelsphysik. Aristoteles hatte die Götter ihres Amtes als Sternbeweger enthoben. Aber so einfach waren Zeus und Kollegen nicht zu ersetzen. Von seinen 55 Sphären brauchte Aristoteles allein 22, um die unabhängige Bewegung der sieben Planeten zu gewährleisten. Und auch das reichte nicht, um die Pirouetten der Planeten zufriedenstellend zu beschreiben. Mit den genaueren Himmelsbeobachtungen nachfolgender Astronomen wurden die Diskrepanzen offensichtlich. Die Rettung kam in Gestalt von Claudius Ptolemäus, dem letzten Astronomen der Antike, gut 500 Jahre nach Aristoteles. Der ergänzte das geozentrische Weltbild um allerlei Hilfskonstruktionen, um Theorie und Beobachtung wieder in Deckung zu bringen.

Den Unterschied zwischen den Universen von Aristoteles und von Ptolemäus kann man sich so vorstellen wie den Unterschied zwischen einem Kettenkarussell und einer Walzerbahn. Walzerbahnen sind jene Karussells auf Jahrmärkten, in denen die Sitzgondeln auf rotierenden Scheiben befestigt sind, die ihrerseits am Rand einer größeren rotierenden Scheibe herumwirbeln. Wer mitfährt, flitzt mal schneller, mal langsamer durch die Luft, weil die Gondel mal in dieselbe Richtung wie die große Scheibe fliegt, dann wieder entgegengesetzt.

Das ptolemäische Weltbild ist eine riesige Walzerbahn. Ptolemäus postulierte Dutzende von Hauptkreisen und Hilfskreisen, Epizykel genannt, um die vertrackte Bewegung der Planeten zu beschreiben. Wie die Gondel einer Walzerbahn bewegt ein Planet sich auf einer kleinen Kreisbahn, dem Epizykel, dessen Mittelpunkt auf einer großen Kreisbahn läuft. Auf diese Weise konnte Ptolemäus viele Beobachtungen erklären, an denen Aristoteles gescheitert war.

Sein System war schwerfällig. Aber es funktionierte. 1400 Jahre lang waren die Astronomen zufrieden mit der ptolemäischen Kreisschachtelei. Seit Aristoteles konnte sich das geozentrische Weltbild damit fast zweitausend Jahre lang behaupten. Zweitausend Jahre! Zum Vergleich: das kopernikanische Weltbild ist knapp 500 Jahre alt, die moderne Urknalltheorie 80 Jahre, die Viele-Welten-Interpretation der Quantenphysik 50 Jahre, das Multiversum der Stringtheorie zehn Jahre. Damit ist das geozentrische Weltbild das bislang erfolgreichste Modell des Universums. Wie konnte es so lange bestehen? Warum stürzte es letztlich doch? Die Antworten sagen viel über das Werden und Vergehen von Weltbildern.

Astronomen schreiben Horoskope

Es ist ein Klischee, dass das ptolemäische Weltbild abgelöst wurde, weil es die Planetenbahnen zu schlecht vorhersagte und durch das Hinzufügen von immer mehr Hilfskreisen zu kompliziert wurde. Auch Kopernikus benötigte zahlreiche Hilfskreise, weil auch er auf kreisförmigen Orbits beharrte, obwohl die Planeten tatsächlich elliptische

Bahnen ziehen. Im 16. Jahrhundert berechnete der Tübinger Mathematiker Johannes Stoeffler die Planetenbahnen mithilfe des ptolemäischen Systems, in Paris verwendete der Mathematiker Johannes Staudius das kopernikanische. Der Historiker Owen Gingerich hat beide Tabellen mit den echten Koordinaten verglichen. Ergebnis: Beide passten ähnlich schlecht zu den Beobachtungen. »Aus rein praktischen Erwägungen war Kopernikus' neues Planetensystem ein Fehlschlag«, bilanzierte auch Thomas Kuhn, »es war nicht genauer und auch nicht viel einfacher als sein ptolemäischer Vorgänger.« Erst Kepler rechnete richtig, mit Ellipsen statt Kreisen.

Es gab also zunächst keinen theoretischen Grund, vom geozentrischen Weltbild abzurücken. Aber es gab einen wichtigen praktischen Grund, daran festzuhalten. Astronomie war damals eine angewandte Wissenschaft. Sie galt als Magd im Dienst der Astrologie. Anhand der Planeten- und Sternpositionen erstellten die Astronomen Horoskope. Ungeachtet aller Planetenmechanik glaubten viele Menschen weiterhin an den Einfluss des Himmels auf ihr Schicksal. Claudius Ptolemäus schrieb nicht nur das Standardwerk der Astronomie, den *Almagest*, er schuf mit den *Tetrabiblos* auch die Bibel der Astrologenzunft.

Die Kirche lehnte Horoskope im frühen Mittelalter ab, aber zu Beginn des Christentums und im späten Mittelalter tolerierte man die Astrologie. Sie wurde an den Universitäten gelehrt und war im Volk wie beim Adel beliebt. Wie Regierungschefs heute Ethikräte beschäftigen, so befragten die Machthaber damals ihre Privatastrologen. Mit dem Buchdruck wurden Jahreskalender mit astrologischen Informationen zu Bestsellern. Sie zeigten die Stellung des Mondes in den Sternzeichen an und sagten günstige Zeitpunkte für den Aderlass vorher. Städte wie Nürnberg und Graz hatten zu diesem Zweck eigene Kalenderschreiber, die auch jährliche Prognostiken vorzulegen hatten: Vorhersagen über das Wetter, Kriegsgefahren, Naturkatastrophen und Seuchen. Wer es sich leisten konnte, suchte einen Astrologen auf, um zum Beispiel einen Diebstahl aufzuklären oder persönliche Entscheidungshilfe zu bekommen. Für das Jahr 1524 sagten viele Astrologen wegen eines Zusammentreffens von Jupiter und Saturn eine gefährliche Flut vorher. Die Naturkatastrophe blieb aus, aber dafür begann der Bauernkrieg. Und wenn die Astrologen völlig danebenlagen, konnten sie die Schuld immer auf Fehler in der Berechnung von Planetenbahnen schieben.

Astrologie erscheint im geozentrischen Weltbild logischer als im heliozentrischen: Ruht die Erde im Zentrum, heben sich die heiligen Himmelskörper klar vom irdischen Geschehen ab. Ist die Erde dagegen nur ein Planet von vielen, gerät die Trennung von Himmel und Erde durcheinander. Kopernikus rüttelte also nicht nur an der Stellung der Himmelskörper, sondern an der Lebenswelt seiner Zeitgenossen.

Philosophen und Historiker haben viel darüber nachgedacht, was eine neue wissenschaftliche Hypothese oder Theorie leisten muss, um sich durchzusetzen. Sie muss mit der Erfahrung und den Experimenten übereinstimmen. Sie sollte einfach sein, also möglichst keine Ad-hoc-Hypothesen einführen. Sie sollte außerdem in sich widerspruchsfrei sein, möglichst universell gültig, und sie sollte neue Vorhersagen machen. Kopernikus' Theorie der Planetenbewegung erfüllte viele dieser Kriterien recht gut. Nur: Warum begann die kopernikanische Revolution im 16. Jahrhundert und nicht im 13. oder 14.? »Es war ein Jahrhundert des Wandels«, sagt der Wissenschaftshistoriker Owen Gingerich. Es war die Zeit von Kolumbus, Luther, da Vinci und Paracelsus. »In vielerlei Hinsicht war die Welt bereit für einen innovativen Blick auf den Kosmos.«

Die Venus bestätigt das neue Weltbild

Nikolaus Kopernikus hatte die richtige Idee zur richtigen Zeit, allerdings merkte das zunächst kaum jemand. Seine erste Veröffentlichung, der *Commentariolus* (»Kleiner Kommentar«), ist nicht viel mehr als ein Thesenpapier, zwanzig Seiten kurz. Sie zirkulierte ab dem Jahr 1510 in wenigen handschriftlichen Kopien. Erst im Jahr 1543, kurz vor seinem Tod, erschien sein Hauptwerk *De revolutionibus orbium coelestium*, eine dröge Abhandlung für Spezialisten, mit mehr als 400 Seiten Text und Tabellen, mit endlosen Zahlenkolonnen für Sternpositionen und Planetenbahnen. Der Domherr Kopernikus hatte andere Sorgen als das Universum, er musste die Dombaukasse verwalten, Abgaben festlegen, über die Münzreform nachdenken und seine Haushälterin Anna beschäftigen. An der größten wissenschaftlichen Revolution der Geschichte arbeitete er nach Feierabend. In sieben »Forderungen« skizzierte Kopernikus im *Commentariolus* das heliozentrische Weltbild:

1. *Die Himmelssphären haben keinen gemeinsamen Mittelpunkt.*
2. *Der Mittelpunkt der Erde ist nicht der Mittelpunkt der Welt, sondern nur der von Schwere und Mondkreis.*
3. *Alle Bahnkreise umgeben die Sonne, als stünde sie in aller Mitte. Daher liegt der Mittelpunkt der Welt in Sonnennähe.*
4. *Die Entfernung von der Erde zur Sonne ist unmerklich klein im Vergleich zur Entfernung des Sternenhimmels.*
5. *Die Erde dreht sich jeden Tag einmal um ihre Achse; der Sternenhimmel bewegt sich nicht.*
6. *Was wir für eine Bewegung der Sonne halten, rührt von der Bewegung der Erde und unserer Kugelschale, mit der wir die Sonne umkreisen.*
7. *Die scheinbare rückläufige Bewegung der Planeten ist auf die Bewegung der Erde zurückzuführen.*

Die Thesen 2 und 3 sind der Kern des heliozentrischen Planetensystems: Die Erde ist ein Planet und kreist ebenso wie alle anderen Planeten (mit Ausnahme des Mondes) um die Sonne. Forderung 4 rückt den Sternenhimmel in weite Ferne. Diese Ad-hoc-Hypothese war notwendig, weil man ansonsten eine Sternparallaxe beobachten müsste: Die Sterne müssten je nach Jahreszeit unter anderen Winkeln erscheinen. Zwei wichtige Prinzipien der aristotelischen Physik tastete Kopernikus nicht an: Planeten werden von Kugelschalen bewegt, und sie bewegen sich gleichmäßig auf Kreisbahnen. Außerdem bleibt das Universum endlich, begrenzt durch die Sphäre der Sterne.

Stimmte die Theorie mit der Erfahrung überein? Nicht besonders gut – was Kopernikus bewog, die Veröffentlichung von *De revolutionibus orbium coelestium* immer weiter hinauszuschieben und schließlich an den Beobachtungsdaten der alten Griechen zu zweifeln. Zudem brauchte die Theorie die spekulative Annahme des weit entfernten Sternenhimmels. Aber immerhin machte sie neue Vorhersagen: Im heliozentrischen Weltbild müsste die Venus ebenso wie der Mond unterschiedliche Phasen haben, also je nach Stand zur Sonne mal sichelförmig und mal voll erscheinen. Allerdings konnte diese Vorhersage nicht ohne Teleskop beobachtet werden, und das gab es damals noch nicht.

Immerhin wurde Kopernikus 1514 von der päpstlichen Komission zur Reform des Kalenders um eine Stellungnahme gebeten. Im Jahr 1533 ließ sich Papst Clement VII. von einem Sekretär »die kopernikanischen Sätze über die Bewegung der Erde« erklären. Kardinal Nicolaus von Schönberg ermutigte Kopernikus 1536 sogar, seine Ideen zu veröffentlichen. Rechenübungen zur besseren Beschreibung der Himmelsphänomene waren damals keineswegs tabu – solange es beim bloßen Rechnen blieb. Denn die

Theologen, auch die neuen Protestanten, waren damals bibeltreue Realisten, und die ruhende Erde ist im Alten und Neuen Testament nun mal unmissverständlich dokumentiert: »Ein Geschlecht vergeht, das andere kommt; die Erde aber ruht auf ewig. Die Sonne geht auf und geht unter und läuft an ihren Ort, dass sie dort wieder aufgehe« (Salomo 1: 4-5). Oder: »So blieb die Sonne stehen mitten am Himmel und beeilte sich nicht unterzugehen fast einen ganzen Tag« (Josua 10: 12-13). Und im Psalm 93 heißt es: »Der Herr ist König und herrlich geschmückt ... Er hat den Erdkreis gegründet, dass er nicht wankt«.

Das kopernikanische Weltbild hatte also ein Problem. Es widersprach der Bibel. Das wäre damals Grund genug gewesen, es sofort wieder zu vergessen, wenn es nicht einen entscheidenden Vorteil gehabt hätte: Schönheit und Eleganz. So lieferte es eine naheliegende Erklärung, warum die Venus und der Merkur immer nur in der Nähe der Sonne zu sehen waren: weil sie als die innersten beiden Planeten die Sonne umkreisten. Ptolemäus hatte dafür schlicht behaupten müssen, dass der Hilfskreis von Merkur und Venus aus unerfindlichen Gründen im gleichen Tempo wie die Sonne um die Erde läuft. Auch die rückläufige Bewegung des Mars war bei Kopernikus sofort einsichtig: Die Erde überholte den Mars auf ihrer Umlaufbahn.

Entscheidend für den Erfolg des kopernikanischen Modells war, dass die führenden Naturforscher jener Zeit seine Vorzüge erkannten und es weiterentwickelten. Tycho Brahe schaffte die Kugelschalen ab, Johannes Kepler die gleichförmige Kreisbewegung der Planeten. Der Durchbruch kam, als Galileo Galilei im Herbst 1610 mit seinem Teleskop die Phasen der Venus sah. Mit dem geozentrischen Weltbild war dieses Phänomen nicht zu erklären.

Als die Kirche ihr Weltbild wanken sah, schlug sie mit Macht zurück. Im Jahr 1616 setzte die Inquisition das kopernikanische System auf den Index, nach dem Prozess gegen Galilei im Jahr 1633 galt es überall als absolut tabu. Galilei starb im Hausarrest und wurde nach seinem Tod am 8. Januar 1642 ohne große Zeremonie beigesetzt. Doch das neue Weltbild war erdacht und setzte sich trotz aller Widerstände langsam und unaufhaltsam durch.

Heute ist vom kopernikanischen Weltbild nicht mehr viel übrig, nur das Sonnensystem und das »kopernikanische Prinzip« der Kosmologie. Ihm zufolge ist der Mensch im Universum nicht privilegiert, er befindet sich an einem typisch-durchschnittlichen Ort des unendlichen Weltalls. So hatte Kopernikus, der brave Kleriker, sich das sicherlich nicht gedacht. Er hätte seinen Namen da wohl lieber rausgehalten.

3 Das Universum wird unendlich

Das Sonnensystem, und mit ihm der Mensch, befindet sich fernab vom Zentrum der Milchstraße. Ich finde die Vorstellung ganz nett, dass der Mensch nicht so eine große Glucke ist.

Harlow Shapley, Astrophysiker, 1969

Harlow Shapley reiste erster Klasse ins Gefecht, mit der Eisenbahn von Los Angeles nach Washington D.C., im Koffer Unterhosen und Hemden, eine Zahnbürste, eine Dose zum Ameisensammeln sowie 19 Manuskriptseiten, voll beschrieben mit Bleistiftnotizen. Die Nationale Akademie der Wissenschaften hatte Shapley im April 1920 zu einem öffentlichen Rededuell geladen. Das Thema: die Größe des Universums. Anschließend Bankett.

Albert Einstein würde kommen, die Wissenschaftsprominenz aus der Hauptstadt und einflussreiche Astronomen aus Harvard. Shapleys Gegner: Heber Curtis, ein 47-jähriger Astronom im Nadelstreifenanzug vom Lick-Observatorium in Kalifornien. Curtis behauptete, außerhalb unserer Galaxie – der Milchstraße – gebe es weitere Galaxien ähnlich der unseren. Shapley dagegen behauptete, das Universum bestehe nur aus der Milchstraße, diese aber sei zehnmal größer als bislang gedacht.

Für Shapley stand viel auf dem Spiel. Er war der Außenseiter, 34 Jahre jung, Sohn eines Rinderfarmers, aufgewachsen im ländlichen Missouri. Mit 16 schrieb er als Polizeireporter für das Lokalblatt *Daily Sun* in Chanute, Kansas, über Schießereien zwischen betrunkenen Ölarbeitern. Der junge Shapley wollte Journalismus studieren, aber sein Kurs an der Universität wurde verschoben. Also schlug er noch einmal das Vorlesungsverzeichnis auf, es begann mit Archäologie. »Das konnte ich nicht aussprechen«, erinnerte er sich später. Der nächste Kurs war Astronomie. So kam Shapley zu den Sternen.

Harlow Shapley, Seitenscheitel, markanter Mund, war ein ehrgeiziger Typ, jemand, der sich durchbeißt im Leben. Ein Kollege sagte über ihn: »Ich kannte keinen, der eine höhere Auffassungsgabe hatte, so schlagfertig war und von allem befreit, was man Bescheidenheit nennen könnte.« Ein anderer fühlte sich an das Märchen vom Fischer erinnert, dem ein Zauberfisch alle Wünsche erfüllt und dessen größenwahnsinnige Frau schließlich Papst werden möchte. Shapley war in diesem Vergleich die Frau.

Der Showdown am 26. April 1920 im Nationalmuseum für Naturgeschichte würde auch Shapleys weitere Karriere beeinflussen. Er wollte Direktor des Harvard-College-Observatoriums werden. Eine Blamage konnte er sich nicht leisten. Aber sein Gegner Curtis war ein guter Redner und hatte Latein und Griechisch unterrichtet, ein Wissenschaftler mit vollendeten Manieren. Curtis würde frei reden, Shapley hatte jedes Komma notiert. Jeder von ihnen würde 40 Minuten Zeit für seinen Vortrag haben, dann Diskussion. So war es vereinbart, als Shapley in Los Angeles in den Zug stieg.

Auch Heber Curtis reiste von Kalifornien nach Washington. Im selben Zug. Plötzlich standen sich die beiden Kontrahenten gegenüber, vor ihnen lagen mehr als 4 000 Kilometer gemeinsamer Eisenbahnfahrt. Sie kamen ins Plaudern. Über klassische Sprachen. Über Blumen. Über Shapleys Hobby, die Ameisen. Aber nicht über Sterne. »Es war nett«, schrieb Shapley in seiner Autobiografie, »aber wir mieden bewusst das kontroverse Thema: die Große Debatte.«

Als »Große Debatte« würde das Duell vom 26. April 1920 in die Geschichtsbücher eingehen. An diesem Abend erreichte der Streit um die Größe des Universums und die Position des Menschen darin seinen Höhepunkt. Es ging mal wieder um die letzten Fragen: Ist das Universum unendlich? Wo befinden sich die Sterne? Gibt es außerhalb der Sterne noch etwas anderes? Und immer wieder schwang dabei die Grundsatzfrage mit: Wird der Mensch das Universum überhaupt jemals begreifen?

Kant wundert sich über die Nebel

Die Große Debatte fokussierte 300 Jahre Kosmologie seit der kopernikanischen Wende auf einen Brennpunkt von drei Stunden. Die Kosmologie stand 1920 vor einem Paradigmenwechsel. Zuvor glaubten die Gelehrten, die Milchstraße, unsere Galaxie, sei der gesamte Kosmos. Doch jetzt sah die Sache auf einmal anders aus: Das Universum schien unendlich, und die Milchstraße war nur ein kleiner Krümel in ihm. Das kosmozentrische Weltbild löste das galaktozentrische Weltbild ab. Bessere Teleskope spielten auf dem Weg von der überschaubaren Welt zum unendlichen Universum eine wichtige Rolle. Sie loteten die Grenzen des Raumes aus. Endlich ließen sich einige jahrhundertealte Fragen über das Universum auf eine naheliegende Weise klären: indem man einfach mal nachschaute.

Als eines der größten Rätsel, aber auch als Schlüssel zum Verständnis des Universums tauchten damals eine Handvoll rätselhafter Erscheinungen am Nachthimmel auf: elliptische, nebelartige Flecken. Der britische Naturforscher Edmond Halley hatte 1716 sechs solcher Nebel beschrieben, einen davon im Sternbild Andromeda. Was konnte das sein? Reines Licht, glaubte Halley, ein Beleg für die Bibelgeschichte, dass das Licht vor der Sonne entstanden sei. Der französische Astronom Pierre-Louis de Maupertuis dagegen glaubte an riesige Himmelskörper, die aufgrund ihrer Rotation abgeplattet seien, sein Landsmann Pierre-Simon Laplace tippte auf gigantische Staubwolken, aus denen gerade ein Stern entstehe.

Alles falsch, meinte Immanuel Kant, der sich in jungen Jahren ausführlich mit dem Aufbau des Universums beschäftigte. In der *Allgemeinen Naturgeschichte und Theorie des Himmels* schrieb der 31-jährige Philosoph: »Ich betrachtete die Art neblichter Sterne, deren Herr von Maupertuis in der Abhandlung von der Figur der Sterne gedenket, und versicherte mich leicht, daß sie nichts anderes als die Häufung vieler Fixsterne sein können.« Hätte Kant die Große Debatte miterlebt, er wäre auf Curtis' Seite gestanden: Wie dieser vermutete schon Kant in den Tiefen des Alls ferne Welteninseln. Und er sollte recht behalten. Was Halley gesehen hatte, waren andere Galaxien. Allerdings hätte Kant, geboren 1724, 200 Jahre alt werden müssen, um die Bestätigung seiner Theorie erleben zu können. Dafür waren einige der besten und stärksten Teleskope nötig, die je gebaut wurden.

Im Jahr 1845 nahm der irische Astronom William Parsons alias Lord Rosse auf seinem Landsitz ein Telekop in Betrieb, das für den Rest des Jahrhunderts das größte Teleskop der Welt bleiben würde. Ingenieure hatten dafür einen drei Tonnen schweren Spiegel mit 1,8 Metern Durchmesser

Leviathan of Parsonstown
MDCCCXLV

gegossen. Das Teleskoprohr war 16,5 Meter lang, das Gestell so hoch wie ein vierstöckiges Haus. Das Monstrum wurde als »Leviathan von Parsonstown« bekannt. In der Mitte Irlands herrschten nicht gerade Idealbedingungen für einen Astronomen. Es nieselte, es regnete, es war neblig. Der Lord trug es mit Fassung. »Das Wetter hier ist immer noch ärgerlich – aber nicht völlig abscheulich«, schrieb er an seine Frau. In den Nächten, in denen er durch die Wolken schauen konnte, gelangen ihm einige der spektakulärsten Beobachtungen jener Zeit. So konnte Parsons einen mysteriösen Nebel am Nachthimmel mit nie dagewesener Auflösung ins Visier nehmen. Er war spiralförmig und hatte einen kleinen Wirbel am Ende eines Armes. Der Lord fertigte eine Zeichnung an, die Vincent van Gogh inspiriert haben soll. Auf dessen Gemälde *Sternennacht* ist eine ähnliche Erscheinung verewigt.

Der Nebel sei »recht gut mit Sternen gespickt«, bemerkte Lord Rosse. Auch andere Nebel erschienen in seinem Teleskop als Ansammlung von Sternen. Die Aufnahmen schienen Kant posthum recht zu geben, doch bewiesen war die These der Welteninseln noch lange nicht. Dazu mussten die Forscher erst die Entfernung der Sternennebel messen. Lagen sie innerhalb unserer Galaxie, der Milchstraße, oder außerhalb? Ein verlässlicher Zollstock für das All musste her. Die Astronomen machten sich auf die Suche nach Sternen, denen man ihre Entfernung ansah.

Blinksterne als Zollstock für das Weltall

Je weiter ein Stern von der Erde entfernt ist, umso schwächer erscheint er am Nachthimmel. Aus der scheinbaren Helligkeit kann man also auf die Entfernung des Sterns schließen. Allerdings hängt die Helligkeit auch von der Größe des Sterns, seiner Temperatur und der chemischen

Zusammensetzung ab. Wenn Astronomen die Entfernung eines Sterns aus seiner scheinbaren Helligkeit berechnen wollen, müssen sie daher außerdem wissen, wie viel Licht er wirklich ausstrahlt, sie müssen seine absolute Helligkeit kennen. Und um diese herauszubekommen, müssen sie wiederum seine Entfernung kennen – und denken im Kreis. Die gehörlose Astronomin Henrietta Leavitt vom Harvard-College-Observatorium durchbrach diesen Kreis. Sie fand einen Sternentyp, dem man seine Entfernung quasi ansieht. Der kosmische Zollstock war gefunden.

Das Harvard-College-Observatorium in Cambridge, Massachusetts, verfügte über die neueste Technik der Astronomie: Fotoplatten. Statt Helligkeiten mit dem Auge abzuschätzen, konnte man belichtete Fotoplatten übereinander legen und die Positionen der Sterne direkt vergleichen. Henrietta Leavitt, geboren 1868 als Tochter eines Pfarrers, entwickelte solch eine Ausdauer darin, dass sie den Spitznamen »Sternsüchtige« bekam. Ihre größte Aufmerksamkeit galt einer rätselhaften Klasse von Sternen, die mit einer Periode von wenigen Tagen ihre Helligkeit änderten: Cepheiden, benannt nach dem Stern Delta Cephei, an dem man das Blinken erstmals beobachtet hatte. (Cepheiden sind Riesensterne, wie man heute weiß, deren Gashülle durch ein Wechselspiel von Gravitation und Aufheizung pulsiert.) Als Leavitt 25 Cepheiden in der Kleinen Magellan'schen Wolke untersuchte, einer Nachbargalaxie der Milchstraße, machte sie eine folgenschwere Entdeckung: Je schneller die Sterne blinken, desto schwächer leuchten sie. Es war, als hätte sie die Wattzahl auf weit entfernten Glühbirnen entdeckt.

Jetzt konnten die Astronomen auch Blinksterne in anderen Galaxien ins Visier nehmen. Dank Leavitts Entdeckung konnten sie aus der Blinkfrequenz den relativen Abstand zweier Cepheiden berechnen. Nun mussten sie den kosmischen Zollstock nur noch eichen, um auch die absolute Entfernung in Lichtjahren oder Kilometern abschätzen zu können. Dies gelang Harlow Shapley. Er studierte elf Cepheiden in der Milchstraße, die sich zu unterschiedlichen Jahreszeiten leicht verschoben, und berechnete daraus den absoluten Abstand der Cepheiden von der Erde. 1918 verknüpfte er diese Daten mit den Messungen von Henrietta Leavitt – fertig war das kosmische Metermaß.

Nun begann Shapley den Himmel nach weiteren Cepheiden zu durchforsten, um ein dreidimensionales Abbild der Milchstraße zu erhalten und die Ausdehnung der Welt zu bestimmen. Ein kühnes Vorhaben – mit einem spektakulären Ergebnis: Shapleys Universum sprengte alle Dimensionen, die man sich bis dahin hatte vorstellen können. Die Milchstraße hatte seinen Berechnungen zufolge die Form einer gigantischen Diskusscheibe, 300 000 Lichtjahre im Durchmesser und 30 000 Lichtjahre dick. Die Sonne lag 65 000 Lichtjahre vom Zentrum dieser Scheibe entfernt. »Es war ein Schocker«, schrieb der Atheist Shapley später, »eine Neupositionierung des Menschen im Universum.« Er fand Gefallen an dem Gedanken, »dass der Mensch nicht so eine große Glucke ist«. Auch das Rätsel der Welteninseln glaubte er gelöst zu haben: Die Nebel seien höchstens 220 000 Lichtjahre entfernt und lägen damit innerhalb der Milchstraße. Die Milchstraße ist das Universum.

Unendlich gewinnt

Diese forschen Ansichten stießen auf Widerstand. Die Messungen der elf Cepheiden seien zu unsicher, um darauf ein Universum zu bauen, kritisierten Astronomen. »Total falsch«, kommentierte Heber Curtis vom konkurrierenden Lick-Observatorium. Curtis und seine Mitarbeiter glaubten an eine viel kleinere Milchstraße, 30 000 Lichtjahre im

Durchmesser, 5000 Lichtjahre dick, und die Nebel hielten sie für Inseluniversen – Galaxien wie unsere –, zehn Millionen Lichtjahre und weiter entfernt. Große oder kleine Milchstraße? Die Fronten waren starr. Es war Zeit, die Ausdehnung des Universums einmal richtig auszudiskutieren.

Der Abend des 26. April 1920 schleppte sich dahin. 300 Gäste waren zum Bankett gekommen. Meist männliche Wissenschaftler mit ihren Ehefrauen, Politiker, Forschungsfunktionäre. Bevor Shapley und Curtis an der Reihe waren, wollte die Nationale Akademie der Wissenschaften noch ein paar Preise vergeben. Der Fürst von Monaco bekam einen für die Erforschung des Ozeans, ein Angestellter der niederländischen Botschaft durfte eine Medaille für den Physiker Pieter Zeeman entgegennehmen, ein Regierungsbeamter wurde für die Eindämmung der Hakenwurm-Plage geehrt. Die Festreden reihten sich aneinander, eine langatmiger als die andere. Einstein kritzelte eine Notiz auf einen Zettel und steckte sie dem Niederländer zu: »Ich habe gerade eine neue Theorie der Ewigkeit entdeckt.«

Dann kam Shapley dran. Er hatte 40 Minuten Redezeit. Shapley las von seinem Manuskript ab und referierte die Messungen zur immensen Ausdehnung der Milchstraße. Höflicher Applaus, dann Heber Curtis, ebenfalls 40 Minuten. Curtis zeigte Dias mit seinen wichtigsten Thesen über die fernen Welteninseln und redete frei. »Er war sehr artikuliert und hatte keine Angst«, erinnerte sich Shapley später. Curtis attackierte Shapleys kosmischen Zollstock. Shapley stellte einige Daten von Curtis infrage. Curtis konterte: »Manche Beobachtungen sind wertlos, andere sind auch wertlos. Aber zwei wertlose sind auch nicht besser als eine.« Gelächter. Auch in der nachfolgenden Diskussion machte Curtis die bessere Figur.

Einen Monat später schrieb Curtis an seine Familie: »Die

Debatte lief gut in Washington. Man hat mir versichert, dass ich mit einigem Vorsprung die Ziellinie überquerte.« Und Shapleys Mentor Henry Russell meinte, Shapley müsse dringend an seiner Rhetorik feilen. Ganz so schlecht konnte sich Shapley allerdings doch nicht geschlagen haben. Er bekam die Stelle als Leiter des Harvard-College-Observatoriums, nachdem der Wunschkandidat abgesagt hatte.

Rhetorisch mag Curtis überzeugt haben, aus Sicht der Astronomen endete die Debatte unentschieden. Heute weiß man: Beide Wissenschaftler hatten recht, und beide irrten. Harlow Shapley ging richtig in der Annahme, dass die Milchstraße viel weiter ausgedehnt ist als gemeinhin angenommen. (Er verschätzte sich allerdings um einen Faktor drei – die Milchstraße hat etwa 100 000 Lichtjahre Durchmesser, nicht 300 000 –, weil er die Absorption des Sternenlichts durch intergalaktischen Staub vernachlässigt hatte.) Er irrte in Bezug auf die kosmischen Nebel, die er innerhalb der Milchstraße platzierte. Heber Curtis dagegen hatte die Milchstraße als viel zu klein angenommen, sollte aber recht darin behalten, dass die Milchstraße nur eine Galaxie von vielen in einem gigantischen Universum ist und dass es da draußen noch viele Welteninseln, also Galaxien gab. Für diese Feststellung waren die Messungen 1920 aber noch nicht genau genug.

Vier Jahre nach der Großen Debatte fand der Astronom Edwin Hubble vom Mount-Wilson-Observatorium den entscheidenden Beweis für die fernen Galaxien. Mit einem neuen Teleskop entdeckte er im Andromeda-Nebel einen Cepheiden und berechnete dessen Abstand zur Erde. Der Nebel war rund 900 000 Lichtjahre von der Erde entfernt, also weit außerhalb der Milchstraße. Kein Zweifel, dies war eine ferne Galaxie außerhalb unserer eigenen.

Hubble schrieb einen Brief an Shapley und berichtete

ihm von seinen neuen Ergebnissen. Als Shapley den Brief las, war gerade ein Mitarbeiter in seinem Büro. Shapley blickte auf und sagte zu ihm: »Hier ist der Brief, der mein Universum zerstört hat.«

4 Multiversum für Anfänger

Kleopatra
Ist's wirklich Liebe, sag mir denn, wie viel?
Antonius
Armsel'ge Liebe, die sich zählen ließe!
Kleopatra
Ich will den Grenzstein setzen deiner Liebe!
Antonius
So musst du neue Erd und Himmel schaffen!

William Shakespeare, Antonius und Kleopatra, 1607

Venedig, am 23. Mai 1592: Eine Gondel der katholischen Inquisition bringt einen Dominikanermönch zum Kloster San Domenico di Castello. Der Empfang ist eisig. Bruder Giordano Bruno genießt nicht die Gastfreundschaft seiner Ordensbrüder. Er ist ihr Gefangener. Bruno landet im Kerker, eingepfercht mit vermeintlichen Hexen, Unzüchtigen und Wahnsinnigen. Und er hinterlässt einen nachhaltigen Eindruck bei den anderen Insassen: »Er sagte, dass Gott die Welt so sehr brauche, wie die Welt Gott braucht, und dass Gott ohne die Welt nichts sei, und dass Gott deshalb nichts tue, als neue Welten zu erschaffen«, erinnert sich später ein Zellengenosse.

Bruno war nicht verhaftet worden, weil er gegen ein

christliches Gebot verstoßen. Er hatte sein Leben lang nichts anderes getan als zu reden und zu schreiben. Aber er hatte gewagt, an der Unfehlbarkeit der Kirche zu rütteln. Er hatte die Wandlung des Brotes in den Leib Christi während der Kommunion bezweifelt. Und er hatte die Frechheit besessen, die aristotelische Lehre eines endlichen, geozentrischen Kosmos als »kindisch« zu verhöhnen und das Bild eines unendlichen Kosmos dagegenzusetzen. Es war nicht der Erkenntnisdrang, der Bruno dazu trieb. Er wollte die Kirche provozieren. Das gelang ihm.

Acht Jahre lang streitet Bruno mit den Richtern der Inquisition. Mal widerruft er, dann provoziert er erneut. Die derbe süditalienische Ausdrucksweise des Söldnersohns aus Nola am Fuße des Vesuvs pikiert die hochwürdigen venezianischen Herren, die ihn alsbald an Rom ausliefern. Am 17. Februar 1600, so steht es in der römischen Stadtchronik, wird er »von Gerichtsbeamten auf das Campo de' Fiori geführt, dort entkleidet, immer begleitet vom Gesang der Litaneien und den Seelsorgern, die ihn bis zum Schluss dazu anhielten, seinen Starrsinn aufzugeben, in dem er schließlich sein armseliges und unglückliches Leben beendete«. Bruno verbrennt auf dem Scheiterhaufen. Seinen Richtern soll er gesagt haben: »Mit größerer Furcht sprecht ihr wohl das Urteil, als ich es entgegennehme.«

Die Inquisition hatte mit brutaler Gewalt klargestellt: Der Kosmos ist endlich. Und das blieb er bis ins 20. Jahrhundert, auch wenn die Gelehrten das Universum im Laufe der Jahrhunderte immer ein bisschen vergrößerten: von ein paar tausend Kilometern Durchmesser vor Kopernikus und Bruno bis auf einige tausend Lichtjahre, nachdem der deutsche Astronom Friedrich Bessel im 19. Jahrhundert die Entfernung von Sternen vermessen hatte. Das war enorm, aber noch überschaubar. Dann, im Jahr 1920, kam die Große Debatte. Die Kosmologen mussten sich damit abfinden, dass ihr Forschungsterrain alle Maßstäbe sprengt. Es war überhaupt keine Grenze mehr in Sicht. Der Ketzer aus Nola hatte recht gehabt!

Der Schrecken des Nichts

Welche »Furcht« auch immer Giordano Bruno seinen Richtern zugesprochen hatte, sie wurzelte im *Horror infiniti*: dem Schrecken vor der Unendlichkeit. Die Vorstellung von etwas, das jedes Maß übersteigt, war den Menschen immer schon unheimlich. »Schon der Gedanke, sich in diesem unermesslichen All umherirrend wiederzufinden«, bekannte der tiefreligiöse Johannes Kepler, bereite ihm einen »dunklen Schauder«. Unendlich war für ihn nur Gottes Größe, aber nicht die Anzahl der Sterne und schon gar nicht der leere Raum. Im 17. Jahrhundert bekannte der französische Philosoph Blaise Pascal: »Das ewige Schweigen der unendlichen Räume erschreckt mich.« Und 1948 kamen dem jüdischen Philosophen Martin Buber Selbstmordgedanken, als er versuchte, sich »den Rand des Raums oder dessen Randlosigkeit« vorzustellen:

> *Beides war ebenso unmöglich, ebenso hoffnungslos, und doch schien nur die Wahl zwischen der einen und der anderen Absurdität offen. Unter einem unwiderstehlichen Zwang taumelte ich von der einen zur anderen, zuweilen von der Gefahr des Wahnsinnigwerdens in solcher Nähe bedroht, dass ich mich ernstlich mit dem Gedanken trug, ihr durch einen rechtzeitigen Selbstmord zu entweichen.* (Aus: Das Problem des Menschen)

Den Mathematiker Georg Cantor trieb die Unendlichkeit wirklich in den Wahnsinn. Das Sinnieren über das unvorstellbar Große und der Streit darüber mit den Kollegen ließen ihn in Depressionen und paranoiden Wahn verfallen.

Immerhin war Cantors Leiden nicht umsonst. Nachdem die Mathematiker viele Jahrhunderte mit dem Unendlichen gekämpft hatten, konnte Cantor es im 19. Jahrhundert schließlich bändigen. Er erkannte, wie man unendliche Zahlen definieren kann und dass für sie andere Rechengesetze gelten als für endliche Zahlen. Zum Beispiel kommt nichts Größeres heraus, wenn man zwei unendliche Zahlen zusammenzählt oder die eine mal der anderen nimmt. Nur wenn man die eine hoch der anderen nimmt, ist das Ergebnis stets größer. Es gibt also eine ganze Reihe von immer größeren Unendlichkeiten. Seit Cantor haben die Mathematiker das Unendliche im Griff. Nun war die Frage: Gibt es das Unendliche auch in der physikalischen Welt, oder ist es ein bloßes Gedankenspiel?

Martin Buber, der seine seelische Gesundheit vor dem Unendlichen retten konnte, brachte das Dilemma auf den Punkt, vor dem die Kosmologen seit Anbeginn ihrer Disziplin stehen: Ein unendlicher Raum ist unfassbar – aber ein Ende des Raums ebenfalls. Aristoteles war sich sicher, dass ein unendlicher Raum widersinnig und daher unmöglich ist, und umgab seinen Kosmos mit einer Außenhülle, an der die Welt einfach aufhört. Über diese Vorstellung machte sich Giordano Bruno in seiner Schrift *Über das Unendliche, das Universum und die Welten* unverhohlen lustig:

> *Aber, mein guter Aristoteles, was willst du damit sagen, dass ein Raum in sich selber sei? Was willst du außerhalb der Welt annehmen? Sagst du: Dort ist Nichts, – so befinden sich ja Himmel und Welt im Nichts, also nirgendwo.*

Galileo Galilei hatte ähnliche Zweifel an der herrschenden aristotelischen Lehre, drückte sie aber vorsichtiger aus. 1640 schrieb er in einem Brief an den Naturforscher Liceti über die Endlichkeit und Unendlichkeit der Welt:

Viele und gute Gründe sind für jede dieser Ansichten vorgebracht worden, doch keiner führt nach meiner Ansicht zu einer zwingenden Schlussfolgerung, sodass ich weiter zweifle, welche der beiden Antworten die richtige ist. Ich besitze nur ein bestimmtes Argument, welches mich mehr zur unendlichen und unbegrenzten als zur begrenzten [Welt] neigen lässt (beachte, dass meine Vorstellungskraft hier keine Hilfe bietet, da ich mir weder eine endliche noch eine unendliche vorstellen kann): Ich fühle, dass meine Unfähigkeit zu begreifen wahrscheinlicher auf das unbegreifbare Unendliche zurückzuführen ist als auf das Endliche, in dem kein Prinzip des Unbegreiflichen benötigt wird. Doch das ist eine der Fragen, die glücklicherweise für den menschlichen Verstand unerklärlich sind ...

Mit anderen Worten: Ich habe keine Ahnung, und das kann ja wohl nur an der Unendlichkeit liegen, denn vor ihr kapituliert der Verstand. Mit seiner Beobachtung der Jupitermonde hatte Galileo seinen Kollegen vor Augen geführt, dass nicht alle Welt sich um die Erde dreht. Damit überzeugte er viele davon, dass der Kosmos mehr als ein Vorgarten unseres Heimatplaneten ist.

Sogar den Unendlichkeitsphobiker Johannes Kepler brachte er ins Grübeln. Dieser gestand Galileo im Jahr 1610: »Hättest du auch Planeten gefunden, die einen Fixstern umlaufen, dann würde das für mich eine Verbannung in Brunos unendliches All bedeutet haben.« Kepler sollte diese Entdeckung nicht mehr erleben, aber am Ende des 20. Jahrhunderts fanden Astronomen tatsächlich Hunderte Planeten außerhalb des Sonnensystems, sogenannte Exoplaneten, die um ferne Sterne kreisen.

Auch Isaac Newton, der vielleicht größte Physiker aller Zeiten, kämpfte mit dem Dilemma von endlichem und unendlichem Kosmos. Er versuchte, beide in einem Weltbild zu vereinen. Einerseits stand er im Bann des aristotelischen Endlichkeitsdogmas. Andererseits glaubte er an einen absoluten Raum, der unabhängig von den Dingen existiert – eine Art leeren Behälter, in den der liebe Gott die Sterne gesetzt hat. Dieser Raum müsse logischerweise unendlich sein, argumentierte er. Denn man könne sich keine Grenze des Raums vorstellen, ohne zugleich an einen Raum dahinter zu denken. Weil wir uns aber unsere Welt als endlich denken, müsse es »Räume jenseits der Welt« geben. Unser Universum – Erde, Sonne, Mond und Sterne – ist eine Insel in einem unendlichen Weltenozean.

Aber dann kam Newton seine eigene große Entdeckung in die Quere: die Schwerkraft. Sie brachte sein Inseluniversum im Wortsinn zum Einsturz. Wären nämlich die Sterne nur über einen begrenzten Raum verteilt, schrieb Newton an den Theologen Richard Bentley, »dann würde die Materie an der Außenseite dieses Raumes durch ihre Schwere zu der gesamten Materie im Innern hingezogen werden und folglich in die Mitte des ganzen Raumes fallen und dort eine große kugelförmige Masse bilden«. Alle Sterne würden also durchs All auf ihren gemeinsamen Schwerpunkt zurasen, am Ende schwebte eine einsame Materiekugel im leeren Raum. Weil die Sterne am Himmel aber offensichtlich auf ihren Positionen verharrten, folgerte Newton, mussten sie wohl doch über den gesamten unendlichen Raum verteilt sein.

Die Große Debatte von 1920 bestätigte Newtons Logik – und weckte den *Horror infiniti* wieder. Sie ließ die Kosmologen mit einem Gefühl der Verlorenheit zurück, wie Kinder, die den heimischen Garten gewohnt sind und sich plötzlich allein in der Wüste wiederfinden. Nirgendwo Halt, nirgendwo Orientierung. Niemand weiß, wie viel Sternlein stehn. Sind es womöglich unendlich viele?

Das Universum bekommt wieder eine Grenze

Ein unüberschaubar großes Universum – das erzeugt nicht nur ein mulmiges Gefühl, es läuft auch dem empiristischen Denken zuwider. Naturwissenschaftler wollen wissen, worüber sie reden. Sie wollen die Sterne zählen, die Atome und die Galaxien. Sie wollen das Universum wiegen und vermessen. Deshalb haben die modernen Kosmologen das Universum wieder überschaubar gemacht – per Definition. »Universum« ist für sie gleichbedeutend mit dem »sichtbaren Universum«. Es ist so groß, so weit das (künstliche) Auge reicht. Die Grenze des Universums ist unser Sichthorizont.

Es ist, als wären die Kosmologen auf einer durchschnittlichen Düne in der Sahara versammelt und würden nach gründlichem Rundblick beschließen: Die Welt ist alles, was zu sehen ist. Eine ziemlich willkürliche Festlegung, so scheint es. Denn der Horizont zeichnet sich zwar als scharfe Linie gegen den Himmel ab, aber schon von der nächsten Düne aus gesehen wäre er etwas verschoben. Im All ist diese Definition allerdings nicht ganz so beliebig wie in der Wüste. Wir können nicht einfach unseren kosmischen Beobachtungsposten wechseln, und am Rand des Universums kann auch nicht plötzlich eine Karawane auftauchen.

Wenn Sie nachts auf Ihr Lieblingssternbild am Himmel zeigen, führt die gedachte Verlängerung Ihres Fingers aus der Erdatmosphäre durch das Sonnensystem hinein in unsere Galaxis, von dort durch den leeren Raum zu anderen Galaxien, Millionen und Milliarden von ihnen. Und sie geht zurück in der Zeit. Denn je weiter ein Himmelskörper entfernt ist, desto länger braucht das Licht von ihm zu uns. Damit wir einen Himmelskörper sehen können, muss Licht von ihm zu uns dringen, und das kann dauern: acht Minuten für die 150 Millionen Kilometer von der Sonne zur Erde, 2,5 Millionen Jahre von der benachbarten Andromeda-Galaxie bis zu uns. Auch wo der Nachthimmel dunkel ist, sind inzwischen womöglich Sterne entstanden, nur ist ihr Licht noch unterwegs zu uns mit einer Geschwindigkeit von rund 300 000 Kilometern pro Sekunde, dem Tempolimit der Natur. Und wo wir das Licht eines Sterns erblicken, ist dieser vielleicht längst erloschen. Ein Blick in die Tiefen des Alls ist daher immer auch ein Blick in die Vergangenheit – und diese Vergangenheit ist endlich: Das Universum ist 13,7 Milliarden Jahre alt. Wir können nur Objekte sehen, deren Licht weniger als 13,7 Milliarden Jahre zu uns braucht.

Es läge nahe zu folgern, dass das beobachtbare Universum alles in einem Umkreis von 13,7 Milliarden Lichtjahren umfasst. Tatsächlich aber umfasst es viel mehr. Zwischen uns und den am weitesten entfernten sichtbaren Objekten liegen ungefähr 45 Milliarden Lichtjahre. Das ist kein Widerspruch, weil das Universum sich ausdehnt. Während das Licht dieser entlegenen Himmelskörper zu uns unterwegs war, haben sie sich weiter von uns entfernt. Wir haben ein um Jahrmilliarden veraltetes Bild von ihnen. Wie sie heute aussehen, würde sich uns hier auf der Erde erst in 45 Milliarden Jahren zeigen – wenn es die Erde und die fernen Sterne dann noch gäbe.

Unsere Aussicht ins All ist begrenzt wie das Panorama in der Wüste. »Man hat das Gefühl, in die Unendlichkeit zu blicken«, sagt der Astrophysiker Günther Hasinger vom Max-Planck-Institut für Plasmaphysik in Garching, »doch wir wissen genau, dass wir dabei nur etwa zehn Kilometer weit schauen und hinter dem Horizont noch tausendmal mehr Horizont kommt.«

So betrachtet ist das Universum eine gewaltige Raumkugel mit einem Radius von gut 45 Milliarden Lichtjahren, in der sich ein paar hundert Milliarden Galaxien mit jeweils ein paar hundert Milliarden Sternen verlieren, alles ist zusammengesetzt aus rund 10^{78} Atomen und durchflutet von 10^{88} Lichtteilchen. Ein bisschen merkwürdig ist diese Definition schon. Wenn man es genau nimmt, haben die Kosmologen mit ihrem Verständnis von »Universum« die kopernikanische Revolution rückgängig gemacht! Denn im Mittelpunkt der Raumkugel liegt die Erde, und auf ihr stehen wir, beobachten das All und berechnen seine Gesetze. Die Menschheit kehrt dorthin zurück, von wo Kopernikus sie verstoßen hatte: ins Zentrum des (für uns sichtbaren) Universums. Diesmal ist die Position aber keine göttliche Fügung, sondern eine sinnvolle Konvention, auf die sich die Wissenschaftler geeinigt haben. Eine Frage aber bleibt offen: Was ist hinter dem Horizont? Manche Leute finden es vermessen, über etwas zu theoretisieren, das wir nicht sehen können. Andere finden es vermessener zu sagen, etwas existiere nicht, nur weil wir es nicht sehen können.

Natürlich tun die Kosmologen alles, um doch irgendwie hinter den Horizont zu spähen. Im Jahr 2008 verkündeten Forscher der amerikanischen Weltraumbehörde NASA, sie hätten beobachtet, wie etwas Großes an den Galaxien unseres Universums zerrt: Alexander Kashlinsky und Kollegen stellten fest, dass Hunderte Galaxienhaufen zwischen den Sternbildern Zentaur und Vela am Südhimmel gemeinsam in eine Richtung fliegen statt wild durcheinander – und das mit Geschwindigkeiten von bis zu tausend Kilometern pro Sekunde. Über ein Jahr lang prüften die Forscher ihre Daten. Die Galaxiendrift, die inzwischen den Namen »Dark Flow« (dunkle Strömung) trägt, erstreckt sich tief ins beobachtbare Universum, nach Kashlinskys Vermutung vielleicht sogar bis über den Horizont hinaus. »Die Masseverteilung in unserem Universum kann diese Bewegung nicht erklären«, sagt er. Was dann? Es könnte eine gewaltige Masseansammlung jenseits des beobachtbaren

Universums sein. Manche von Kashlinskys Fachkollegen sind überzeugt, ein ganzes Nachbaruniversum zerre die Galaxien zu sich. Andere, die nicht an eine Parallelwelt glauben wollen, suchen weiter nach Erklärungen innerhalb unseres Universums.

Wenn heutige Kosmologen über das Universum reden, zeigen sie leichte Symptome von Bewusstseinsspaltung. Einerseits sind sie Naturwissenschaftler, und Naturwissenschaftler sind Kontrollfreaks. Es passt in ihre Denkweise, das Universum als die Gesamtheit all dessen zu definieren, was wir sehen können. Was unbeobachtbar ist, das ist nach ihrem Verständnis unwirklich, gehört also nicht zum Universum. Zumindest nicht zu unserem.

Andererseits sind Naturwissenschaftler von Berufs wegen neugierig. Auch wenn am kosmologischen Horizont das beobachtbare Universum aufhört, die Phantasie hört dort nicht auf. Wie also geht es weiter hinter dem Horizont? Könnte es sein, dass die Welt außer Sichtweite plötzlich ganz anders ist? Dass sie einfach aufhört. Oder dass nur der leere Raum sich weiter fortsetzt, nicht aber die Sterne und Galaxien – dann würden wir in einem Inseluniversum leben, wie Newton es vertrat. Aber für diese Szenarien gibt es keine guten Argumente. Die schlüssigste Annahme ist, dass sich die Welt jenseits des Horizonts ungefähr so fortsetzt wie diesseits – so wie auch die Sahara nicht gleich hinter dem Horizont endet. Das heißt: Da draußen leuchten Sterne, deren Licht niemals zu uns dringt, weil sie so weit entfernt sind, und die Sterne formen Galaxien, und die Galaxien bilden Galaxienhaufen. Ganz so wie im beobachtbaren Universum. Das Universum sieht überall gleich aus, könnte man sagen.

Die Kosmologen haben die totale Gleichförmigkeit inzwischen zum Prinzip erhoben – zu ihrem Prinzip schlechthin: zum »Kosmologischen Prinzip«. Der amerikanische

Astrophysiker Edward Milne formulierte es 1933, ein gutes Jahrzehnt nach der Großen Debatte. Mitsamt dem Kleingedruckten liest sich das so:

1) Das Weltall ist *homogen*, das heißt, es sieht von jedem Beobachtungspunkt gleich aus (Homogenität).
2) Das Weltall ist *isotrop*, das heißt, es sieht nach allen Richtungen gleich aus (Isotropie).

Die Homogenität des Alls wird auch *Kopernikanisches Prinzip* genannt – sie ist eine Verallgemeinerung der Einsicht, dass die Erde nur ein Planet unter vielen ist, der um einen Stern unter vielen kreist, in einer Galaxie unter vielen. Unser kosmischer Standpunkt ist in keiner Hinsicht speziell.

Die beiden Teileigenschaften des Kosmologischen Prinzips, Homogenität und Isotropie, sind unabhängig voneinander. Zum Beispiel ist ein Fußballstadion, vom Anstoßpunkt aus gesehen, weitgehend isotrop (abgesehen von den zwei Toren). In jeder Richtung liegt zuerst ein Stück Rasen, dahinter die Werbebande, dann die Tribüne. Aber homogen ist das Stadion nicht, denn von der Tribüne aus sieht es ganz anders aus. Hingegen ist ein Schachbrett homogen, aber nicht isotrop: Es sieht zwar von jedem Feld weitgehend gleich aus, aber nicht in jeder Richtung. Die Dame landet auf einem schwarzen oder weißen Feld, je nachdem, ob sie auf ein Feld in diagonaler Richtung oder in gerader Richtung zieht.

Sitzen wir in einem gewaltigen kosmischen Loch?

Auf den ersten Blick in den Nachthimmel erscheint das Kosmologische Prinzip ziemlich abwegig. Da oben sieht es alles andere als isotrop aus, die meisten Sterne sind im schmalen Band der Milchstraße versammelt, senkrecht dazu ist es recht dunkel. Aber gemittelt über große Entfernungen stellt sich die Situation anders dar. Die Große Debatte hatte klargestellt, dass die nebligen Flecken, die Astronomen durchs Teleskop entdeckt hatten, ferne Galaxien sind. Die Milchstraße ist unser Heimatnebel, von innen gesehen. Mit den Jahrzehnten erspähten die Astronomen mehr und mehr Galaxien und stellten fest, dass diese sich gleichmäßig übers Firmament verteilen. Ab einem Maßstab von ungefähr 100 Millionen Lichtjahren hat das Weltall keine Strukturen mehr. Es ist isotrop und homogen. Man muss nur ungenau genug hinschauen. Könnten wir an den Rand unseres sichtbaren Universums reisen, würden wir von dort einen ähnlichen Nachthimmel sehen wie von der Erde aus. Es ist wie mit deutschen Fußgängerzonen: Kennt man eine, kennt man alle, auch wenn H&M, Kaufhof und McDonald's jeweils in anderen Gebäuden untergebracht sind. Im Detail unterscheiden sich zwar die Konstellationen der Sterne und Galaxien, ähnlich wie wir verschiedene Sternbilder von der Erde aus sehen, aber von Weitem betrachtet sieht alles doch ziemlich gleich aus.

Das Kosmologische Prinzip ist also plausibel. Aber eine unanfechtbare Wahrheit ist es nicht. Manche Kosmologen glauben, Hinweise darauf erkannt zu haben, dass unser kosmischer Standort doch nicht so typisch ist. Sie deuten astronomische Daten so, dass wir in einem gewaltigen kosmischen Loch sitzen, einem materiearmen Hohlraum mit einem Durchmesser von ungefähr einer Milliarde Lichtjahren. Dann sähe der Sternenhimmel zwar isotrop aus, also in allen Richtungen gleich, aber das Universum um uns herum wäre alles andere als homogen. Der Kosmos wäre ein Fußballstadion, kein Schachbrett.

Die Hohlraumtheorie ist eine Alternative zur Hypothese der Dunklen Energie, derzufolge sich das Universum immer schneller ausdehnt. Beide erscheinen irrwitzig, aber

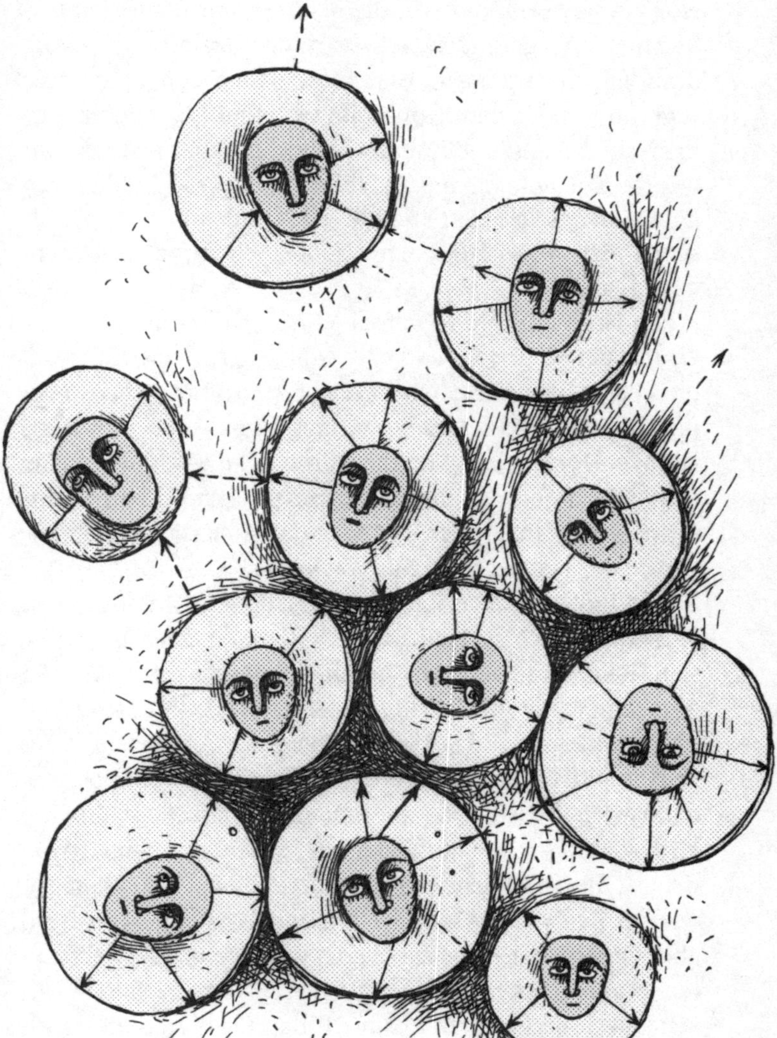

eine bessere Erklärung für die Beobachtungsdaten hat bisher niemand gefunden. »Es wäre großartig, wenn es da draußen jemanden gäbe, der auf uns herabschaut und uns sagt, ob wir in einem Hohlraum wohnen«, sagt der amerikanische Kosmologe Robert Caldwell. Bisher glauben nur wenige Kosmologen an die Hohlraumtheorie. Die meisten halten an der Dunklen Energie fest – und am Kopernikanischen Prinzip. Aber niemand sollte sich darauf verlassen, dass es so bleibt.

Die Horizontlinie in einem Wüstenpanorama ist keine Kante oder Mauer. Sie entsteht, weil die Erde eine Kugel ist, die sich vor den Augen des Betrachters krümmt. Ebensowenig ist der Rand unseres Universums eine physische Grenze. Dort ist keine undurchdringliche Wand und keine Klippe, von der man in den Abgrund stürzt. Er ist eine Informationsgrenze. Die Gegenden dahinter sind, wie Physiker sagen, »kausal getrennt« von uns.

Wie groß sind die Räume hinter dem kosmologischen Horizont? Das lässt sich vielleicht erahnen, aber nicht wissen. Rein mathematisch gesehen könnte der Weltraum grenzenlos und gleichzeitig endlich sein: Er könnte in sich gekrümmt sein – das dreidimensionale Äquivalent einer Kugeloberfläche. Raumfahrern in diesem Kosmos ginge es dann wie Ameisen, die auf einem Ball sitzen. Wohin sie auch krabbeln, sie können immer weiterkrabbeln. Trotzdem ist die Oberfläche des Balls nur endlich groß. Genauso wie der Ball könnte sich der Weltraum als abgeschlossen, aber unbegrenzt erweisen – auch wenn selbst die geübtesten Mathematiker Schwierigkeiten haben, sich das anschaulich vorzustellen. Dann würden Lichtstrahlen im All im Kreis herum laufen wie Ameisen auf dem Ball. Man könnte seinen eigenen Hinterkopf sehen, wenn man scharf genug in den Nachthimmel starrte!

Das Universum ist flach wie Norddeutschland

Als Erster überprüfte der Mathematiker Carl Friedrich Gauß im Jahr 1810 die Krümmung des Raums. Er vermaß die Winkel der Lichtstrahlen zwischen den Bergspitzen des Brockens, des Inselsbergs und des Hohen Hagens. Der vielleicht größte Mathematiker aller Zeiten fand heraus, was ihm auch jedes Schulkind gesagt hätte: Die Winkel summieren sich auf 180 Grad – wie in jedem flachen Dreieck. Wäre das Dreieck gewölbt gewesen, dann wäre eine andere Winkelsumme herausgekommen. Gauß folgerte: Der Raum, in dem wir leben, ist nicht gekrümmt. Zumindest nicht in Norddeutschland.

Für den Rest des Weltraums wiederholten Astronomen zu Anfang des 21. Jahrhunderts die Gauß'sche Messung. Mit Ballonsonden und Satelliten maßen sie die Winkel von Lichtstrahlen aus den Tiefen des Alls – und bestätigten Gauß' Befund. Das Universum ist flach.

Man könnte meinen, dass ein flaches Universum ohne Grenzen notwendigerweise unendlich ist – so wie eine riesige flache Tischplatte ohne Rand. Aber das ist eine Täuschung unserer räumlichen Anschauung. Mathematisch gesehen könnte der Raum flach, unbegrenzt und dennoch endlich sein. Doch daran glauben die wenigsten Kosmologen. Die meisten sind überzeugt, dass der physikalische Raum, der Sonne, Mond und Sterne und uns Menschen enthält, sich in alle Richtungen unendlich weit erstreckt. »Ich glaube, dass das Universum unendlich groß und eines von vielen ist«, sagt John Barrow, Professor für Mathematik und Physik an der University of Cambridge. Er glaubt es. Beweisen kann er es nicht. Und er glaubt nicht, es beweisen zu müssen. »Ich glaube, dass diese Aussagen prinzipiell unbeweisbar sind«, sagt er, »und dass wir dieses Prinzip irgendwann als selbstverständlich anerkennen werden.«

Barrow ist der Streber unter den Kosmologen. Seine hellgrauen Anzüge und der akkurate Seitenscheitel verleihen ihm die Aura eines Vertreters für Herrenmoden. In den vergangenen 30 Jahren hat er 417 Fachartikel veröffentlicht, 19 Bücher, ein Audiobuch, ein Theaterstück und 36 Online-Artikel, er hat 37 Ehrenvorlesungen gehalten und 32 Auszeichnungen bekommen – die Liste pflegt er penibel auf seiner Website. Er wurde zum Mitglied der Royal Society ernannt und hielt Vorlesungen im Vatikan, im Haus des Premierministers sowie auf Schloss Windsor.

So konformistisch sein Äußeres ist, so revolutionär ist sein Denken. John Barrow gehört zu den Pionieren der neuen Kosmologie. Für ihn ist klar, dass das jetzige Standardweltbild der Kosmologie bereits ein Weltenbild ist. Nur haben es viele Kosmologen noch nicht bemerkt. »Schon in einem unendlichen Universum ist genug Raum für die Realisation aller Möglichkeiten: Es ist ein Multiversum«, schreibt er in seinem Buch *Einmal Unendlichkeit und zurück*.

Den unendlichen Raum zum Multiversum zu erklären löst das Dilemma zwischen Endlichkeit und Unendlichkeit, mit dem die Kosmologen seit der Antike gekämpft haben. Unser sichtbares Universum ist endlich und übersichtlich. Was dahinterliegt, darf man »andere Universen« nennen. Wenn Giordano Bruno das noch erlebt hätte, er hätte jubiliert. Und vielleicht hätte Isaac Newton verhalten eingestimmt. Endliches Universum, unendlicher Raum, das hatte auch er miteinander zu versöhnen versucht. Auch ihn hatte das Ringen mit dem Unendlichen zum Multiversum getrieben, allerdings zu einer Art seriellem Multiversum, in dem Universen zeitlich aufeinanderfolgen: »Es könnte andere Weltensysteme vor unserem gegeben haben«, schrieb er an den Theologen Richard Bentley, »und andere vor diesen, und so weiter bis in alle Ewigkeit.«

300 Jahre später sollten die Kosmologen diese Idee wieder aufgreifen.

Andere Weltensysteme? Was unterscheidet sie von unserer Welt? Darüber geriet der sonst sehr vorsichtige Newton ins Spekulieren. In der zweiten Auflage seines Werks *Opticks* von 1706 schreibt er, man dürfe annehmen, »dass Gott in der Lage ist, Materieteilchen von verschiedener Größe und Form, in verschiedenen Verhältnissen zum Raum, auch vielleicht von verschiedener Dichte und Kraft zu erschaffen, und dadurch die Naturgesetze zu variieren und Welten von unterschiedlicher Art in verschiedenen Teilen des Universums zu schaffen«. Welten, in denen andere Naturgesetze gelten: Wenn man Gott abzieht, könnte diese Idee einem aktuellen Aufsatz über die Theorie des Multiversums entnommen sein.

Was auch immer hinter dem Horizont wartet, dem Kosmologischen Prinzip zufolge kann es nicht gänzlich aus dem Rahmen fallen. Aber irgendwann kommen die Überraschungen von selbst, man muss nur weit genug gehen. Wenn John Barrow von der »Realisation aller Möglichkeiten« spricht, dann meint er wirklich alle Möglichkeiten. Nichts ist zu aberwitzig für das Multiversum. Alles, was die Naturgesetze erlauben, findet irgendwo im unendlichen Weltenozean statt. Das ist reine Statistik. In einem unendlichen Weltraum gibt es unendlich viele Gegenden von der Größe unseres beobachtbaren Universums. Weil jede dieser Gegenden nur endlich groß ist, kann sie nur auf endlich viele Arten mit Teilchen gefüllt sein. Daher muss unser Universum da draußen in unendlich vielen Kopien existieren – und in allen Variationen.

Allein aus dem Tanz der Atome in einem unendlichen Raum entsteht ein Multiversum – diese Vorstellung hat tiefe Wurzeln in der Geistesgeschichte. Schon der römische Dichter Lukrez glaubte an eine Pluralität der Universen, wenn man nur genug Atome, die er als »Keime« bezeichnete, im unendlichen Raum zur Verfügung stellte. In seiner Schrift *Über die Natur der Dinge* dürfte er die erste Multiversumstheorie in Versform geschrieben haben:

Wenn zudem noch der Stoff in gewaltiger Menge sich findet,
Wenn auch der Raum zureicht, kein Ding und kein Grund sich entgegen
Stellt, dann muß doch entstehn ein Weben und Leben der Wesen.
Wenn nun die Menge der Keime so groß ist, daß sie zu zählen
All die Lebenszeit der lebenden Wesen nicht reichte,
Und darin die Natur sich erhält, die in ähnlicher Weise
Überallhin zu verbringen vermag die Keime der Dinge,
Wie sie sie hierher brachte, so mußt du wieder bekennen,
Daß noch andere Erden in anderen Welten bestehen
Mit verschiedenen Rassen von Menschen und Sippen der Tiere …
Darum darf man behaupten, daß ähnlich wie diese der Himmel,
Erde und Meer, auch Sonne und Mond und die übrigen Dinge
Nicht in der Einzahl dürfen vorhanden sein, sondern in Unzahl,
Da ihr Leben nicht minder der grundtief ruhende Markstein
Abgrenzt und sie nicht minder aus sterblichem Körper bestehen
Als das gesamte Geschlecht, das hienieden nach Arten gedeihet.

Was Lukrez da in Verse goss, packte der Wiener Ordinarius Ludwig Boltzmann, der Begründer der statistischen Physik, in Formeln. In den Jahren um 1900 hatte Boltzmann die Thermodynamik als statistische Bewegung von Atomen und Molekülen formuliert – deren Existenz damals noch heftig umstritten war. Aber Boltzmann glaubte fest an sie, und er spekulierte kühn über die Existenz ferner Welten. So fügte er seinen *Vorlesungen über Gastheorie* ein eigenes Kapitel mit der Überschrift »Anwendung auf das Universum« hinzu. Wie kann es sein, fragte er, dass im Weltall geordnete Strukturen wie die Milchstraße und das Sonnensystem entstehen, wenn doch die Natur dem Chaos entgegenstrebt? Seine Antwort: Obwohl im gesamten Universum die Unordnung zunimmt, kann es immer wieder Regionen geben, in denen statistische Fluktuationen für mehr Ordnung sorgen. »Es müssen dann im Universum, das sonst überall im Wärmegleichgewichte, also todt ist, hier und da solche verhältnismässig kleine Bezirke von der Ausdehnung unseres Sternenraumes (nennen wir sie Einzelwelten) vorkommen, die während der verhältnissmässig kurzen Zeit von Aeonen erheblich vom Wärmegleichgewichte abweichen.«

Das Multiversum à la Boltzmann ist das denkbar einfachste: Überall gelten die gleichen Naturgesetze, nur die Anordnung der Teilchen variiert nach dem Zufallsprinzip. Weil der Raum unendlich groß ist, tritt auch der unglaublichste Zufall irgendwo, irgendwann auf. Es könnte zum Beispiel sein, dass Ihnen dieses Buch im nächsten Moment spontan aus der Hand springt und auf seinen Seiten davonläuft – wenn die Wärmebewegungen seiner Atome zufällig richtig zusammenspielen. Oder stellen Sie sich vor, die Atome in Ihrem Zimmer würden sich spontan zu einem bewusst denkenden Gehirn formieren. Vielleicht aus Silizium, vielleicht aus Fleisch und Blut. Es ist enorm unwahrscheinlich, aber nicht wider die Naturgesetze. »Boltzmann-Gehirne« nennen Kosmologen solche Spontanschöpfungen.

Sie müssen sich nicht gleich auf unerwartete Gesprächspartner gefasst machen, denn auf das nächste Boltzmann-

Gehirn in Ihrer Nähe müssten Sie wahrscheinlich ein paar Billionen Jahre warten. Oder weit reisen, an einen Ort weit außerhalb des sichtbaren Universums. Aber es ist nicht ausgeschlossen, dass Sie selbst ein Boltzmann-Gehirn sind, vor einer Sekunde aus dem Durcheinander der Atome geploppt, samt falscher Erinnerung an Ihr bisheriges Leben. »Ich hoffe, wir sind keine Boltzmann-Gehirne«, sagt Alexander Vilenkin, »aber es ist schwierig zu beweisen.« Auch Boltzmann glaubte nicht, dass unser Universum sich fix und fertig aus dem kosmischen Gebrodel materialisiert hat. Aber er glaubte, dass es aus einer Laune der Statistik entstand: Es ist eine Insel der Ordnung im kosmischen Chaos. Und weil im unendlichen, vom Zufall regierten Kosmos nichts ein Einzelfall bleibt, kann unsere Insel nicht die einzige sein. Es gibt reichlich Leben da draußen, da war Boltzmann sicher, ohne je einen Blick durch ein Teleskop geworfen zu haben.

Nach den Gesetzen der Statistik liegen die anderen Welten und ihre Bewohner höchstwahrscheinlich weit jenseits unseres Sichthorizonts. Boltzmann versuchte, die Entfernung zu den nächsten extraterrestrischen Wesen zu schätzen. Leider sind sie viel zu weit weg, folgerte er. Die Fremdlinge können »niemals entdeckt werden, da sie in der Zeit durch Aeonen, im Raum durch 10 hoch 10 hoch 10 Siriusfernen von uns getrennt sind und obendrein ihre Sprache keine Beziehung zur unsrigen hat«. Der Abstand zum Stern Sirius war damals das gängige Maß für kosmische Entfernungen. Es ist nicht ganz klar, wie Boltzmann zu dieser Abschätzung gelangte, jedenfalls müsste man nach seiner Rechnung das von der Erde aus sichtbare Universum etwa $10^{100\,000\,000\,000}$-mal aneinanderreihen, um auf intelligente Wesen zu stoßen.

Ganz geheuer waren Boltzmann seine eigenen Gedankenspiele offenbar selbst nicht. Niemand, schrieb er, werde »derartige Speculationen für wichtige Entdeckungen oder gar, wie es wohl die alten Philosophen thaten, für das höchste Ziel der Wissenschaft halten«. Aber: »Wer weiss, ob sie nicht doch den Horizont unseres Ideenkreises erweitern und durch die Erhöhung der Beweglichkeit der Gedanken auch die Erkenntnis des erfahrungsmässig Gegebenen fördern.« Die Welten jenseits unserer eigenen liegen außerhalb der Reichweite der Naturwissenschaft, meinte Boltzmann. Wissen wollte er trotzdem von ihnen. Aber er war seiner Zeit gedanklich zu weit voraus, um gut in ihr zurechtzukommen. Atome und Außerirdische – das war vielen seiner Physikerkollegen zu gewagt. Boltzmanns Weltbild starb mit ihm, als er sich im Sommerurlaub 1906 erhängte.

Aliens interessieren sich wohl nicht für uns ...

Heute zweifelt kein Wissenschaftler mehr an den Atomen, und Boltzmanns Vermutungen über extraterrestrisches Leben erscheinen eher zu vorsichtig als zu verwegen. Wenn wir unsere Entstehung nicht einem bloßen Zufall, sondern natürlichen Mechanismen verdanken, dann haben diese Mechanismen wahrscheinlich auch anderswo intelligentes Leben hervorgebracht. Um die Sterne unseres Universums kreisen insgesamt schätzungsweise 10^{22} Planeten. Allein die Milchstraße soll mehrere Milliarden erdähnliche Planeten enthalten, vermuten manche Astronomen. Warum sollte nur unserer bevölkert sein? Astronomen haben mit ihren Instrumenten inzwischen mehrere Hundert andere Planetensysteme nachgewiesen, davon einige, die angenehme Lebensbedingungen bieten könnten. Die wenigsten Wissenschaftler glauben noch, dass wir das Universum für uns allein haben.

Und so hat sich die Suche nach fernen Lebensräumen zu

einem globalen Forschungswettlauf entwickelt. Seit dem Frühjahr 2009 umkreist das amerikanische Weltraumteleskop »Kepler« die Sonne und späht nach Planeten anderer Sterne. Es könnte Sauerstoff auf ihnen finden und Wasser, vielleicht ganze Ozeane. In den nächsten Jahrzehnten sollen noch scharfsichtigere Missionen der amerikanischen und der europäischen Weltraumbehörde folgen. Einige Forscher, unterstützt von Google, durchmustern den Himmel nach Signalen von Außerirdischen. Es gibt auch schon Anweisungen, was bei einem Kontakt zu tun ist: Nicht zurückfunken! UN-Generalsekretär benachrichtigen.

Aber warum müssen wir überhaupt so angestrengt lauschen? Wenn der Kosmos wirklich von intelligentem Leben wimmelt, warum haben wir dann noch nichts davon mitgekriegt? Das ist das berühmte Fermi-Paradoxon, benannt nach dem italienischen Atomphysiker und Nobelpreisträger Enrico Fermi, der bei einem Tischgespräch über Ufos und Aliens im Jahr 1950 seine Kollegen fragte: »Where is everybody?« – Wo sind die bloß alle? Es gibt unzählige Erklärungsversuche. Sind die da draußen noch nicht weit genug entwickelt? Oder schon wieder ausgestorben? Reden wir an ihnen vorbei, wie Boltzmann vermutete? Oder interessieren sie sich einfach nicht für uns? Diese Befürchtung hat Michio Kaku, Physiker an der City University of New York: »Stellen Sie sich vor, Sie sehen beim Spazierengehen einen Ameisenhaufen. Sagen Sie: ›Ich bringe euch reiche Geschenke, bringt mich zu eurem Führer‹? Nein, Sie gehen einfach weiter. Der Unterschied zwischen Ameisen und uns ist kleiner als zwischen uns und fortgeschrittenen Zivilisationen da draußen.« Wir könnten Anwohner einer intergalaktischen Flugschneise sein und sie so wenig bemerken wie Ameisen eine Autobahn.

Die endgültige Lösung des Fermi-Paradoxons könnte im Multiversum liegen. Diesen Gedanken spielt der englische

Science-Fiction-Autor und Physiker Stephen Baxter in seiner Trilogie *Manifold* durch. Er glaubt, dass das intelligente Leben auf verschiedene Universen verteilt ist. Auf die Dauer ist ein Universum zu klein für zwei Zivilisationen. Die eine würde die andere ausrotten. Hätten wir Nachbarn, dann wären wir nicht mehr da.

5 Vom Anfang dieser Welt

Ohne die Kosmologie wäre die Menschheit blind. Wir wüssten weder, woher wir kommen, noch, wohin wir gehen. Wir können das Leben viel mehr genießen, wenn wir das große Bild verstehen und unseren Platz im Kosmos kennen.

Max Tegmark, Kosmologe, 2008

Sie hatten fünf Dollar, zwei Flaschen Weinbrand, Eier, Kochschokolade und Erdbeeren, einen abgelaufenen dänischen Motorrad-Führerschein und zwei Paddel. Und sie hatten einen Plan: das Faltboot am Strand der Halbinsel Krim zu Wasser lassen, 270 Kilometer über das Schwarze Meer nach Süden paddeln, an der türkischen Küste an Land gehen, im dänischen Konsulat vorsprechen, und dann weiter nach Kopenhagen – bei Niels Bohr Quantenphysik machen.

Am ersten Tag erschien ihnen die Flucht geradezu romantisch. Das Meer war ruhig, sie kamen gut voran und erfreuten sich an der Begegnung mit einigen Tümmlern, die das Boot eine Weile begleiteten. Am zweiten Tag schlug das Wetter um. Sie paddelten vorwärts, aber der Wind drückte sie rückwärts, das Meer weiß von der Gischt. Am dritten Tag spülte der Sturm das entkräftete Paar im Faltboot an die Küste, 70 Kilometer von ihrem Startpunkt entfernt. Fischer brachten die beiden ins Krankenhaus. Sie waren zurück in der Sowjetunion.

Das war 1932, und die Geschichte der Kosmologie wäre anders verlaufen, wenn Lyuba Vokhminzeva und ihr Mann George Gamow im Schwarzen Meer ertrunken wären. Sieben Jahre nach dem gescheiterten Fluchtversuch sollte George Gamow die Urknalltheorie ausbrüten.

Gamow hatte die unerhörte Idee, das Universum habe vielleicht nicht schon ewig existiert, sondern könnte einen Anfang gehabt haben, eine Geburt von Materie, Raum und Zeit. Die Vorstellung lag fern aller Gedankenspiele, die Physiker damals anstellten. Wenn Astronomen über einen Anfang des Universums spekulierten, dachten sie allenfalls an ein All gefüllt mit Gas, in dem nach und nach die Sterne und Galaxien entstanden waren. Aber ein Beginn von allem, auch der Zeit selbst? Undenkbar. Schließlich hatten von Aristoteles über Kopernikus und Newton bis hin zum jungen Albert Einstein alle namhaften Naturforscher geglaubt, das Universum sei schon seit ewigen Zeiten da. Einerseits. Andererseits zeigt die Geschichte der Kosmologie: Eine Idee über unsere Welt kann gar nicht verrückt genug sein.

Die verrückte Idee vom Urknall brauchte drei Anläufe und vierzig Jahre, um sich durchzusetzen. In den 1920er-Jahren meinte der Physiker und Priester Georges Lemaître, dass in Einsteins Relativitätstheorie der Raum und die Zeit durch die Explosion eines unendlich dicht zusammengepressten »Uratoms« entstanden sein könnten. In den 1940er-Jahren schlug George Gamow den Urknall als Ursprung der Materie vor. Beide Theorien gerieten in Vergessenheit. Erst als Robert Dicke und James Peebles von der Princeton University der Urknalltheorie in den 1960er-Jahren zum Durchbruch verhalfen, erinnerte man sich wieder an Lemaître und Gamow.

Ein Anfang von allem – was damals vielen Kosmologen wie haltlose Spekulation vorkam, wird heute in der Schule gelehrt. Die Debatte über das Multiversum reißt die alten Wunden wieder auf. Wieder geht es um Grundfragen, um die Grenzen des Wissens, um das Ende der Wissenschaft gar. Auch die Idee des Multiversums wurde mehrmals und von unterschiedlichen Spezialisten vorgebracht, zuletzt von Physikern, die auf der Suche nach der Weltformel sind. Wer den aktuellen Streit um das Multiversum verstehen will, muss rekapitulieren, wie einst das Urknallmodell von einer Außenseiterhypothese zum weithin akzeptierten Weltbild wurde. Wenn das Multiversum dieses Weltbild ablösen soll, muss es besser sein als die Urknalltheorie.

Die Entdeckung des Urknalls leitete eine Hochphase der Kosmologie ein. Immer präziser wurden die Himmelsbeobachtungen der Astronomen, immer detaillierter die Theorien der Kosmologen, und immer besser fügten beide sich zusammen. Innerhalb von 80 Jahren entstand ein Weltbild, das heute fast wie ein Dogma die Kosmologie dominiert. Es ist die Schöpfungsgeschichte der modernen Physik, die Erzählung von der schönen heilen Welt unseres Universums.

Die Idee mit der Ursuppe

George Gamow, flachsblondes Haar, blaue Augen, Brillengläser so dick wie Flaschenböden, spielt in diesem Stück die Hauptrolle. Er stammte aus einer russischen Intellektuellenfamilie. Seine Eltern arbeiteten als Lehrer, sein Großvater mütterlicherseits war der mächtige Erzbischof von Odessa, sein Großvater väterlicherseits hatte als General im Heer des russischen Zarenreichs gekämpft. Eine Verwandtschaft, die ihm in der Stalinzeit gefährlich werden konnte.

Gamow war auf dem Schreibtisch seines Vaters per Kaiserschnitt zur Welt gekommen, umgeben von Büchern. Mit sieben ließ er sich von seiner Mutter Jules Vernes' vorlesen, mit 13 legte er eine geweihte Oblate aus dem Gottesdienst unters Mikroskop, um die behauptete Wandlung in Christi Fleisch zu widerlegen. Die Oblate hatte mehr Ähnlichkeit mit Brot als mit seiner eigenen Haut, stellte er fest. »Dieses Experiment machte aus mir einen Wissenschaftler«, schrieb Gamow in seiner Autobiografie. Mit 25 war er Physikprofessor an der Universität Leningrad, er hatte Forschungsaufenthalte in Göttingen, Cambridge und Kopenhagen hinter sich, wo die besten Physiker der Welt die Quantentheorie entwickelten. Er hatte die Theorie der Radioaktivität mit ausgeheckt, wofür er auf der Titelseite der größten sowjetischen Tageszeitung *Prawda* mit einem Gedicht geehrt wurde.

Gamows Welt waren nicht die Sterne, sondern die Atome. Er war kein Astronom, er war Quantenphysiker, und erforschte den Mikrokosmos. Und doch führten ihn die Fragen nach dem ganz Kleinen auf die Fährte des ganz Großen. Gamow erklärte das Universum mithilfe von ein paar Atomen. So begann die folgenschwere Symbiose von zwei mächtigen Teildisziplinen der Naturwissenschaft: Astronomie und Teilchenphysik, Makro- und Mikrokosmos.

Zunächst allerdings stand Gamow vor einem irdischen Problem: dem Kommunismus. Die Quantentheorie galt in den Augen der Marxisten als idealistisches Machwerk, denn laut ihr regiert der Zufall den Mikrokosmos. Und der Zufall passt so gar nicht ins deterministische Weltbild des historischen Materialismus, demzufolge die Menschheit in der klassenlosen Gesellschaft ihre Vollendung findet. Zwar geht es in einem Fall um Atome und im anderen um die Gesellschaft, aber auch der Kommunismus sollte ja eine Theorie für Alles sein.

Auch wenn den Parteikadern die abstrakte Quantentheorie zu hoch war, den Intellektuellen im Land blieb die Umbruchstimmung in der Physik nicht verborgen. An der Universität Leningrad, einer Hochburg der modernen Physik, machten vor allem die Philosophen Stimmung gegen die Quantenphysik, und die Philosophen hatten Verbindungen zur Politik. Der Kampf richtete sich gegen jeden, der im Verdacht bourgeoiser Umtriebe stand.

Als Gamow in einem öffentlichen Vortrag die Heisenberg'sche Unschärferelation erklärte – die Formel für den Zufall –, brach ein regierungsnaher Philosoph die Veranstaltung ab und schickte die Zuhörer nach Hause. Gamow wurde von seiner Universität angewiesen, nie mehr öffentlich über die Unschärferelation zu sprechen. Dennoch bekam er zu seiner Überraschung ein Jahr später die Erlaubnis, mit seiner Frau zum Solvay-Kongress für Kernphysik nach Brüssel zu reisen. Die Gamows verließen die Sowjetunion und kehrten nie mehr zurück. Es wurde auch höchste Zeit: Eine Verhaftungswelle rollte durch die Physikergemeinde Leningrads und der ganzen Sowjetunion. Manche Forscher wurden sogar zum Tode verurteilt.

George Gamow war in Sicherheit. Mit 30 Jahren wurde er zum Professor an der George Washington University in Washington D.C. berufen. In den USA beeindruckte er Kollegen mit seinem Witz und seiner Vielseitigkeit, er sprach russisch, dänisch, französisch, englisch und deutsch, machte sich Gedanken über Verbrennungsmotoren wie über Kernphysik, schrieb Arbeiten zur Struktur der DNA und zur Beschaffenheit des Erdinnern. »Gamow hatte phantastische Ideen«, sagte sein Kollege Edward Teller, der Erfinder der Wasserstoffbombe, »sie waren richtig, und sie waren falsch, häufiger falsch als richtig, aber immer interessant. Und wenn sie nicht falsch waren, waren sie nicht nur richtig, sondern auch noch neu.«

Warum, fragte sich Gamow, gibt es so unterschiedliche chemische Elemente? 92 Elemente kommen in der Natur vor, vom Wasserstoff, dessen Atomkern aus einem einzigen Proton besteht, bis zum Uran mit 92 Protonen und mehr als 100 Neutronen im Kern. Gamow vermutete, dass Neutronen und Protonen bei hohen Temperaturen zu schwereren Atomkernen fusionieren können.

Was Sterne betraf, so war ihr Inneres dafür jedoch nicht dicht und nicht heiß genug. Es musste eine andere Erklärung geben: »einen explosionsartigen Prozess, der am ›Anfang der Zeit‹ stand und die gegenwärtige Expansion des Universums zur Folge hatte«. So formulierte Gamow es 1942 in einem Konferenzbericht.

Dass sich das Universum ausdehnt, hatte der Astronom Edwin Hubble bereits in den 1920er-Jahren erkannt. Er hatte mit einem Teleskop vom Mount Wilson in Kalifornien das Licht entfernter Sternennebel studiert und festgestellt, dass die Lichtwellen ins Rötliche verschoben waren. Wie bei einem Krankenwagen, dessen Sirene nach dem Vorbeifahren tiefer klingt – der Doppler-Effekt –, schien die Wellenlänge des Lichts gedehnt. Die Sterne, so folgerte Hubble, entfernen sich von der Erde. Nach seinen Messungen lag die fernste Galaxie knapp sieben Millionen Lichtjahre entfernt und bewegte sich mit 1000 Stundenkilometern von der Erde weg. »Die Sterne meiden uns wie die Pest«, flachste der englische Astronom Arthur Eddington im Jahr 1928. Hubble nahm immer mehr Galaxien ins Visier, stets ergab sich das gleiche Bild. Sie alle fliehen vor uns, je weiter weg, desto schneller.

Albert Einstein findet den Urknall scheußlich

Wenn das Universum expandierte, musste es in der Vergangenheit kleiner gewesen sein als heute. Und davor noch kleiner und davor noch kleiner. Wer die Zeit in Gedanken rückwärts laufen ließ, sah das Universum zu einem hoch verdichteten Körnchen zusammenschrumpfen. Das expandierende Universum passte daher zu Gamows Idee eines heißen Anfangszustands und stimmte außerdem mit einer Lösung der Gleichungen der Allgemeinen Relativitätstheorie überein, die der Theoretiker Georges Lemaître in den 1920er-Jahren gefunden hatte.

Lemaître war nicht gerade ein typischer Karrierewissenschaftler. Er hatte während des Ersten Weltkriegs in der belgischen Armee gedient und war anschließend als katholischer Priester ordiniert worden. Dann studierte er die Relativitätstheorie in Cambridge, Harvard und am Massachusetts Institute of Technology. Zurück in Belgien, wurde er Professor an der katholischen Universität Louvain. Lemaître kam 1927 als Erster auf die Idee, die Galaxien könnten sich nicht etwa durch den Raum bewegen, sondern mit dem Raum selbst expandieren. Albert Einstein hielt anfangs nichts von der Lemaître'schen Interpretation seiner Theorie. Zu nah an der christlichen Schöpfungsgeschichte, fand der Atheist Einstein und beschied Lemaître: »Ihre Berechnungen sind richtig, aber Ihre Physik ist scheußlich.«

Zudem hatte Lemaître keine überzeugende Antwort auf die Frage nach der Ursache der Ausdehnung. Er glaubte an ein Uratom, das ursprünglich so schwer war wie die gesamte Masse des Universums. Dieses sei durch eine Art super-radioaktiven Prozess zerfallen, übrig blieben die uns bekannten Atome wie »Asche und Rauch eines hellen, aber schnellen Feuerwerks«. Das war eher ein Stück kosmische Poesie als Naturwissenschaft.

Und so musste George Gamow ganz neu ansetzen, als er gemeinsam mit seinem Doktoranden Ralph Alpher das erste detaillierte Urknallmodell entwickelte. Den Forschern zufolge gingen innerhalb der ersten halben Stunde nach dem Zeitpunkt null schwere Elemente aus der heißen Ursuppe hervor. Sie tauften diese erste Substanz »Ylem«, abgeleitet vom griechischen Begriff »Hyle« für Materie. Schon altertümliche Alchemisten und Theologen hatten so den Urstoff der Welt bezeichnet.

Zur Feier ihrer Arbeit kaufte Gamow eine Flasche Cointreau und schrieb in großen Lettern »YLEM« darauf. Er fotografierte sie und montierte auf das Foto seinen Kopf, der wie ein Geist aus der Flasche steigt, links und rechts seine Mitarbeiter Robert Herman und Ralph Alpher. Ein treffendes Bild. Es sollte zwar knapp 20 Jahre dauern, bis die Theorie akzeptiert wurde, aber der Geist war aus der Flasche.

Heute lernen Kinder in der Schule, dass das Universum einen Anfang hatte, damals war es eine radikale Außenseiterposition. »Aus philosophischer Sicht finde ich die Vorstellung abstoßend«, schrieb Arthur Eddington. Ein Anfang scheine unüberwindbare Schwierigkeiten aufzuwerfen, »außer wir betrachten ihn schlicht als übernatürlich«. Der kanadische Astronom John Plaskett beschimpfte die Urknallthese gar als »wildeste aller Spekulationen«.

George Gamow kümmerte sich wenig um solche Vorbehalte, er hatte die Einstellung eines Ingenieurs. Was zum Zeitpunkt null geschehen war, hinterfragte er nicht. Er nahm einfach an, dass die Energie des Universums am Anfang in einem dichten heißen Etwas konzentriert war, und rechnete drauflos.

Das Universum als Hefekuchen

Der erbittertste Gegner des Urknallmodells steht auf dem Rasen vor dem Institut für Astrophysik in der Madingley Road in Cambridge. Patina überzieht den Schädel, zwischen Ohr und Schulter hat eine Spinne ihr Netz aufgespannt. Fred Hoyle ist aus Bronze und sieht nicht glücklich aus. Die Physiker in Cambridge haben Hoyle ein Denkmal gesetzt. Wie kein anderer verkörperte er das untergehende Weltbild vom ewigen Universum.

Hoyle hatte im Zweiten Weltkrieg als Radarforscher für die britische Marine gedient, er sollte Radargeräte aufrüsten, um deutsche Flugzeuge besser zu orten. 1942 wurde er Abteilungsleiter in den Militärforschungslabors der Admiralität in Witley, südwestlich von London. Hier lernte er Thomas Gold und Hermann Bondi kennen, mit denen er nach Dienstschluss die Theorie vom ewigen Universum ausbrütete, die *Steady-State-Theorie*, den Gegenentwurf zur Urknalltheorie von Gamow, Herman und Alpher.

Dieser Theorie zufolge befinden sich Sterne und Galaxien in einem Kreislauf von Werden und Vergehen (*Steady State* heißt *Gleichgewichtszustand*). Vom heißen Anfang keine Spur, auch ein Ende war nicht abzusehen.

Die Beobachtungen der Astronomen waren in den 50er-Jahren noch nicht genau genug, um zwischen Gamows Urknalltheorie und Hoyles ewigem Universum zu entscheiden. Anerkannt waren nur Hubbles Messungen anderer Galaxien, die sich von unserer Milchstraße wegbewegten. Und davon fühlten sich beide Seiten bestätigt.

Wenn die Galaxien sich voneinander entfernen, müssen sie in der Vergangenheit von einem gemeinsamen Punkt aus gestartet sein, glaubten Gamow und die Urknalltheoretiker. Das All glich demnach einem Hefekuchen mit Rosinen. Der Teig ist der Raum, die Rosinen sind die Galaxien. Dehnt sich der Teig aus, entfernen sich alle Rosinen voneinander. Egal von welcher Rosine aus man die übrigen betrachtet, immer scheint alles vom eigenen Standpunkt aus wegzustreben. Ein Zentrum gibt es nicht. Die Galaxien fliegen also nicht wie Kometen durch einen unendlichen Raum, sondern der Raum selbst dehnt sich aus, mitsamt seinem Inhalt. »Wenn das Universum sich ausdehnt, warum finde ich dann nie einen Parkplatz?«, soll Woody Allen gefragt haben. »Weil auch das Auto sich ausdehnt«, hätte Gamow geantwortet.

Fred Hoyle und seine Anhänger postulierten dagegen, dass in den Weiten des Alls ständig neue Materie aus dem Nichts entsteht. Sie rechneten mit der bescheidenen Anzahl von drei neuen Wasserstoffatomen pro Kubikmeter pro eine Million Jahre. Zu wenig, um direkt messbar zu sein, aber genug, um neue Galaxien zu bilden. So wollten sie erklären, warum das Universum trotz seiner fortwährenden Expansion nicht immer stärker verdünnt wurde. Schließlich glaubte Hoyle, dass das Universum überall und für alle Zeiten ziemlich gleich aussieht.

Hoyle verglich den Schöpfungsprozess mit einem tropfenden Wasserhahn. Nur woher das Wasser kam, konnte er nicht erklären. Als er 1950 in Zürich einen Vortrag über das Steady-State-Universum hielt, nahm ihn der Nobelpreisträger Wolfgang Pauli beim Abendessen zur Seite. »Es wäre besser, wenn Sie die Physik dieser Schöpfung verstehen würden«, raunzte er. Den Vorwurf konnte Hoyle nicht entkräften. Dafür erwiderte er seinen Kritikern: Die Annahme, dass die gesamte Materie des Universums im Zeitpunkt null des Urknalls geschaffen wurde, sei auch nicht besser. Es waren nicht nur wissenschaftliche Argumente, die die Kosmologen damals austauschten. Hoyle glaubte an eine regelrechte Verschwörung. »Es ist klar, dass einige unserer Kollegen religiöse Absichten verfolgten«, lästerte er über die Anhänger des Urknalls. »Parallelen zwischen dem Big Bang und der Schöpfung, wie sie im Alten Testament beschrieben wird, sind unausweichlich.«

Ein unfairer Vorwurf, meint der Historiker Helge Kragh heute, aber nicht ganz an den Haaren herbeigezogen. Im Herbst 1951 kommentierte Papst Pius XII. die neue Urknalltheorie vor der Päpstlichen Akademie der Wissenschaften.

BIG BANG:
Herr Gott lässt die Korken knallen

Die moderne Kosmologie sei nun zu derselben Erkenntnis gelangt wie Theologen schon vor mehr als einem Jahrtausend, stichelte er. Zu der Erkenntnis nämlich, dass die Welt von einem Schöpfer geschaffen wurde. Das missfiel sogar dem Priester und Urknalltheoretiker Georges Lemaître. Es gebe keinerlei Zusammenhang zwischen einem bestimmten kosmologischen Modell und dem Christentum, stellte er klar.

Der Papst war ohnehin etwas voreilig. Denn die Idee des Urknalls hatte in den 1950er-Jahren noch eine gravierende Schwäche: das Altersparadox. Als die Kosmologen mit der Expansionsgeschwindigkeit der Galaxien auf den Anfang der Welt zurückrechneten, fanden sie für das Alter des Universums eine Zeitspanne von zwei Milliarden Jahren.

Nach anderen damals populären Berechnungen waren die Sterne und Galaxien hingegen drei bis fünf Milliarden Jahre Jahre alt. Wie konnte das sein? Schon die Erde musste älter sein als zwei Milliarden Jahre, das schloss der britische Atomphysiker Ernest Rutherford aus der Analyse von radioaktiven Uranisotopen. Fred Hoyle erzählte gern die Anekdote, wie Rutherford in Cambridge dem Astrophysiker Arthur Eddington begegnete und ihn fragte: Wie alt ist das Universum? Nicht älter als 2000 Millionen Jahre, soll Eddington geantwortet haben, woraufhin Rutherford einen Stein aus der Tasche zog und sagte: »Dieser Stein ist mindestens 3000 Millionen Jahre alt.«

Heute weiß man: Hubbles Messungen der Fluchtgeschwindigkeit und der Entfernung anderer Galaxien waren damals noch zu ungenau. Er berechnete aus der Farbe der Sterne ihre Geschwindigkeit – je rötlicher, umso schneller – und aus der Helligkeit pulsierender Sterne die Entfernung der Galaxien. Doch der allgegenwärtige Staub im All wirkt wie Nebel vor dem Fernrohr. Hubbles damalige Tempomessung ergab fast zehnmal höhere Geschwindigkeiten als die heute gemessenen Werte.

Im Laufe der Jahre wurde die Fluchtgeschwindigkeit, die sogenannte Hubble-Konstante, immer weiter nach unten korrigiert. Mitunter waren so unterschiedliche Messungen im Umlauf, dass auf wissenschaftlichen Tagungen darüber abgestimmt wurde. Heute gehen Astronomen davon aus, dass zwei Galaxien, die drei Millionen Lichtjahre voneinander entfernt sind, sich aufgrund der Raumdehnung mit 70 Kilometern pro Sekunde voneinander wegbewegen (unsere Nachbarin, die Andromeda-Galaxie, ist rund 2,5 Millionen Lichtjahre von der Milchstraße entfernt). Plusminus zehn Prozent. Das Alter des Universums wird auf rund 14 Milliarden Jahre geschätzt.

Fernseher empfangen das Echo des Urknalls

In den Sechzigerjahren wurde der Streit zwischen Big-Bang- und Steady-State-Kosmologen endgültig entschieden: durch einen Zufallsfund. Eigentlich wollten Arno Penzias und Robert Wilson, Angestellte der Bell Laboratories, eine Antenne zur Satellitenkommunikation testen. Als sie ihre Signale auswerteten, wunderten sie sich über ein gleichmäßiges Rauschen im Frequenzbereich der Mikrowellen. Das Taubenpaar, das in der sechs Meter langen Hornantenne nistete, wurde vorübergehend als Störquelle verdächtigt. Doch selbst nach der Entfernung der »weißen dielektrischen Substanz« – so beschrieben die Forscher den Taubendreck – war das Rauschen immer noch da. Schließlich dämmerte es ihnen: ein mysteriöses »Hintergrundrauschen« erfüllt das gesamte All. Es ist das Echo des Urknalls.

Der ansonsten eher agnostisch gestimmte Kosmologe Sir Martin Rees spricht andächtig vom »Nachglühen der Schöpfung«. Rees, ein schmächtiger Mann mit dichten weißen Augenbrauen, ist nicht irgendjemand. Die englische Königin adelte ihn 1995 zum Astronomer Royal – ein Titel, mit dem sich seit 1675 erst fünfzehn britische Astronomen schmücken konnten. Als Präsident der Royal Society ist er Großbritanniens höchster Repräsentant der Wissenschaft.

Aus allen Richtungen des Himmels treffen elektromagnetische Strahlen mit einer Wellenlänge im Millimeter- und

Zentimeterbereich auf die Erdoberfläche, unabhängig von der Tages- oder Jahreszeit. In jedem Stück Weltall von der Größe eines Zuckerwürfels befinden sich 400 Lichtteilchen dieses kosmischen Rauschens. Jeder kann sie mit der Zimmerantenne eines analogen Fernsehers empfangen. Das Urrauschen trägt ein Prozent zum Krisselbild alter Fernseher bei. Im Digitalfernsehen ist es damit leider vorbei.

Robert Wilson gab später zu Protokoll, er habe die Bedeutung seiner eigenen Entdeckung erst erkannt, als er einen Bericht in der *New York Times* darüber gelesen habe. Die Kollegen trugen ihm das nicht nach. Für die Entdeckung der kosmischen Hintergrundstrahlung bekam er gemeinsam mit Penzias 1978 den Nobelpreis.

Die Hintergrundstrahlung war der letzte Nagel im Sarg der Steady-State-Theorie, sagt Stephen Hawking. Sie ist neben der Ausdehnung des Universums das wichtigste Indiz für den Urknall. Es ist vor allem die weitgehende Gleichförmigkeit der Mikrowellen, die die Wissenschaftler so entzückt. Egal, ob man den Himmel über dem Nordpol oder die südliche Hemisphäre absucht, überall hat die Strahlung fast genau die gleiche Wellenlänge, wie die Wärmestrahlung aus einem gleichmäßig temperierten Ofen. Das jedoch hieße, dass alle Bereiche des Weltalls zu einem früheren Zeitpunkt in Kontakt gewesen sein müssen.

Am Anfang war die gesamte Materie des Weltalls demnach ein heißes dichtes Plasma. In den ersten Jahren nach dem Urknall schwirrten Ionen und Elektronen durch das Universum wie Sandkörner in einem Wüstensturm. Das All war heiß, aber undurchsichtig, denn auch die Lichtteilchen kollidierten ständig mit den energiereichen Elementarteilchen. Erst nach 400 000 Jahren hatte sich der Sturm gelegt. Der Feuerball war abgekühlt auf etwa die Temperatur, die heute an der Oberfläche der Sonne herrscht, also einige tausend Grad. Die Ionen vereinigten sich mit den Elektronen zu neutralen Atomen, das All wurde durchsichtig. Elektromagnetische Strahlung konnte sich fortan ungestört ausbreiten.

Hätten wir 400 000 Jahre nach dem Urknall gelebt, hätten wir tatsächlich einen orange glühenden Himmel gesehen. Durch die Ausdehnung des Universums hat sich das Universum allerdings weiter abgekühlt, die Wellenlänge des Lichts wurde gestreckt. Die Mikrowellenhintergrundstrahlung entspricht heute nur noch einer Temperatur von minus 270 Grad Celsius, drei Grad über der tiefsten theoretisch möglichen Temperatur, dem absoluten Nullpunkt, bei dem jegliche atomare Bewegung gefriert.

Außer dem Urknallecho und der Expansion des Universums gibt es noch ein weiteres Indiz für den Urknall, das ironischerweise auf den Urknallleugner Hoyle zurückgeht: Es ist der Stoff, aus dem die Sterne bestehen. 75 Prozent Wasserstoff, 23 bis 24 Prozent Helium, der Rest Sauerstoff, Silizium und ein paar andere Elemente. Hoyle fand heraus, dass so viel Helium nur durch Kernverschmelzung in einem Riesenstern und bei Milliarden von Grad entstanden sein konnte. Doch so viele Riesensterne gab es im frühen Universum gar nicht. Schnell war klar: Das Helium stammte aus einem einzigen Mega-Stern, dem Urknall. Es bildete sich ebenso wie Deuterium und Lithium in den ersten Sekunden und Minuten aus der heißen Ursuppe.

Ende der 70er-Jahre wurde der Urknall weithin als Tatsache akzeptiert. Die Expansion des Alls, die Hintergrundstrahlung und die Entstehung der Elemente sprachen dafür, dass die Urknalltheorie stimmt. Wenn er der Nachwelt einen Satz mit auf den Weg geben dürfe, sinnierte einst die Physiker-Prominenz Richard Feynman, so wäre dieser: »Alles besteht aus Atomen.« Sir Martin Rees schlägt heute vor: »Die Welt hat einen Anfang.«

In den Achtzigerjahren schien die Schöpfungsgeschichte

der modernen Physik so gut wie vollendet. Nur noch ein paar Details galt es einzufügen, dachten viele Kosmologen, wie die letzten Buchstaben in einem Kreuzworträtsel. Eines dieser Details war die Krümmung des Weltraums.

Gekrümmter Raum – dass es so etwas überhaupt gibt, hatte Albert Einstein zu Beginn des 20. Jahrhunderts erkannt. In Einsteins Relativätstheorie ist der Raum nicht mehr nur eine starre Bühne für den Auftritt der physikalischen Welt. Er wird selbst Teil des Schauspiels, lässt sich auf die wildesten Arten dehnen und biegen. Zwei gegenläufige Kräfte zerren an ihm: Der Schwung des Urknalls drückt ihn auseinander, die Gravitationskraft aller in ihm enthaltenen Materie staucht ihn zusammen. Das Schicksal des Universums hängt davon ab, welche Kraft gewinnt. Wenn es nicht genug Materie gibt, um den Urschwung aufzuhalten, ist das Universum negativ gekrümmt (das heißt »offen«) und dehnt sich immer weiter aus, die Materie wird verdünnt, der Kosmos kühlt aus. »Big Freeze« nennen Kosmologen dieses Szenario, früher sagten sie »Wärmetod« dazu. Wäre das Universum zweidimensional, hätte es die Form eines Sattels. In einem positiv gekrümmten (das heißt »geschlossenen«) Universum gewinnt die Gravitation. Sie bremst die Ausdehnung ab und kehrt sie um. Das Universum stürzt wieder in sich zusammen und endet im »Big Crunch«, dem großen Knirschen. In zwei Dimensionen hätte ein geschlossenes Universum die Form einer Kugel.

Big Crunch oder Big Freeze, Feuer oder Eis? Um vorherzusagen, welches Ende die Welt nehmen wird, ließen Astrophysiker in den Neunzigerjahren Ballons von der Antarktis aufsteigen und schickten den Satelliten COBE (die Abkürzung steht für *Cosmic Background Explorer*) ins All. An Bord waren Messgeräte, die das Echo des Urknalls ungestört von der Erdatmosphäre empfangen konnten. Mit Mikrowellen aus den Tiefen des Universums vermaßen die Forscher den Weltraum wie Landvermesser ein Grundstück.

Das Universum ist eine Scheibe

Das Ergebnis überraschte alle, die Anhänger des Big Freeze und die des Big Crunch. Das Universum ist weder offen noch geschlossen. Es ist genau zwischendrin: flach. Die kosmische Geometrie entspricht damit der intuitivsten aller möglichen Landschaften, der euklidischen Geometrie, die der griechische Mathematiker Euklid von Alexandria schon 300 Jahre vor Christus beschrieben hatte. Wäre die Welt zweidimensional, wäre sie eine unendlich große Scheibe. In drei Dimensionen ähnelt ein flaches Universum einem Bücherregal: Parallele Linien bleiben parallel, die Winkelsumme in einem Dreieck ergibt 180 Grad. Der Raum ist wie glattgebügelt. Wie langweilig, hätte Einstein vielleicht gesagt.

Aber auch wie merkwürdig: Damit ein flaches Universum herauskommt, musste der Anfangsschwung des Universums exakt auf dessen Materiegehalt abgestimmt sein. Ein etwas sanfterer oder ein etwas heftigerer Urknall, nur um eine Winzigkeit, und die Flachheit wäre dahin. Es ist, als würde jemand einen Ball exakt so in die Luft werfen, dass er auf der Spitze einer Fahnenstange zu liegen kommt. Wieder einmal schien es, als wäre unsere Welt das Ergebnis eines unfassbaren Zufalls.

Die klassische Urknalltheorie kann diesen Zufall nicht erklären. Aber es gibt eine Vermutung: In seiner ersten Nano-nano-nano-und-noch-kleiner-Sekunde könnte sich das Universum blitzschnell aufgebläht haben, noch viel schneller, als ein simpler Urknall es bewirkt hätte – von kleiner als eine Erbse auf eine Kugel mit einem Durchmesser von Milliarden Lichtjahren. Alle Falten des Raums wären durch diese Expansion glattgebügelt worden. Die Theorie dazu heißt *Inflationstheorie* (von lateinisch *inflare* für *aufblähen*), und viele Kosmologen sehen sie inzwischen als Bestandteil des Urknallmodells, obwohl sie noch längst nicht bewiesen ist. Und obwohl sie einen hohen Preis hat: Es gibt die Inflationstheorie nur im Doppelpack mit einer neuen Idee des Multiversums (um die es in den Kapiteln 7 und 9 geht).

Das Multiversum hatte den Urknalltheoretikern gerade noch gefehlt. Sie waren angetreten, um Hoyles ewiges Universum abzuschaffen. Und jetzt stehen sie vor einem ewigen Multiversum, in dem zwar einzelne Universen entstehen und vergehen, aber die Gesamtheit der Universen schon immer und für immer besteht. Es gibt darin nicht einen Urknall, sondern unendlich viele, einer davon hat unser Universum hervorgebracht. In normalen Zeiten würde sich kaum jemand mit solchen Gedankenspielen aufhalten. Aber die Zeiten sind nicht normal. Die Kosmologie steckt in der Krise. Vielleicht kann nur die Vision der Vielen Welten ihr heraushelfen.

6 Die Kosmologie in der Krise

Wer weiß, ob das ganze sichtbare Universum nicht wie ein Wassertropfen auf der Erdoberfläche ist? Bewohner dieses Tropfens, so winzig wie wir im Vergleich zur Milchstraße, könnten niemals ahnen, dass es außerhalb dieses Wassertropfens noch Dinge wie Eisen oder lebendes Gewebe gibt.

Émile Borel, Mathematiker, 1922

Das Universum wird auf allen Frequenzen abgehört wie ein Patient auf der Intensivstation. Die Erde ist übersät mit Detektoren für Röntgenstrahlung, Infrarotstrahlung und UV-Strahlung, für Radiowellen, für sichtbares Licht und Elementarteilchen. In der chilenischen Atacama-Hochebene installieren Astronomen in 5200 Meter Höhe gerade ein Teleskop, das in manchen Himmelsrichtungen alle drei Minuten eine neue Galaxie entdecken soll. Teilchenforscher versenken Lichtdetektoren auf dem Boden des Baikalsees und im Eis der Antarktis, in der argentinischen Pampa stehen Detektoren auf einer Fläche von der Größe des Saarlands, um kosmische Teilchen zu messen. Im puerto-ricanischen Arecibo haben Astronomen die größte Schüssel der Welt in Karstgestein eingelassen, ein Radioteleskop, das schon als Kulisse für einen James Bond-Film diente und das mit Dutzenden Radioteleskopen rund um den Globus zu einem weltumspannenden Detektor zusammengeschaltet werden kann. Bei Hannover, in der Nähe von Pisa und in den US-Bundesstaaten Louisiana und Washington flitzen Laser Hunderte Meter weit durch Vakuumröhren, um Gravitationswellen zu empfangen. Doch die Erde ist den Forschern nicht genug. Im Orbit drängen sich Forschungssatelliten, die das All durchmustern. Das Hubble-Teleskop blickt 13 Milliarden Lichtjahre tief ins All, fast bis an den Horizont des sichtbaren Universums.

Der große Lauschangriff gen Himmel ist Teil eines noch viel größeren und kühneren Vorhabens: zu verstehen, wie alles anfing und wo alles endet, also die Sache mit den Sternen, dem Weltraum und dem Urknall. Kosmologen versuchen, all die Beobachtungsdaten zu einem schlüssigen Weltbild zu verdichten – zu einer Theorie des Universums.

Es ist noch nicht lange her, da wähnten sie sich auf dem sicheren Weg zum Erfolg. Stephen Hawking verklärte die Vermessung der Urknallreststrahlung durch den Satelliten COBE im Jahr 1992 zur »größten Entdeckung dieses Jahrhunderts, wenn nicht sogar aller Zeiten«. COBE hatte feine Intensitätsschwankungen in der Mikrowellenstrahlung aufgespürt – ein Hinweis auf Dichteunterschiede im frühen Universum, auf den Ursprung von Sternen und Galaxien. Kurz nach der Jahrtausendwende schrieb der Kosmologe Michael Turner von der University of Chicago, eine der Gallionsfiguren des Fachs: »Wir befinden uns mitten in der aufregendsten Periode kosmologischer Entdeckungen.« Schockierend gut funktioniere das aktuelle Urknallmodell, meinte sein Kollege Alan Guth, der es mitentworfen hat. 2006 bekamen dann John Mather und George Smoot den Physik-Nobelpreis für ihre Arbeit zur kosmischen Hintergrundstrahlung mithilfe des Satelliten COBE – und es gab kein Halten mehr: »Die Kosmologie wurde seit der Antike von Spekulationen dominiert – diese Ära ist vorbei!«, jubelte Preisträger Smoot. »Jetzt kommt die Zeit der Wissenschaft.«

Welch Vermessenheit: Die Menschheit, wohnhaft auf einem Krümel im Kosmos, erst seit ein paar Tausend Jahren zivilisiert, glaubt, sie könne die Geschichte der Welt von der Sekunde null an erklären, und die nächsten 100 Trilliarden Jahre sowieso. An so einem Punkt war sie schon mehrmals. Auch Aristoteles und Ptolemäus waren überzeugt, das Universum durchschaut zu haben. Sie lagen weit daneben.

In den Jubel mischen sich kritische Stimmen. »Wir gehen den falschen Weg«, warnt der Galaxien-Forscher Richard Lieu. Die Grundannahmen der Kosmologie seien unüberprüfbar, und die Kosmologen hätten offenbar keine Probleme damit, »das Unbekannte mit noch mehr Unbekanntem« zu erklären. Die Standardversion von der Entstehung des Universums beruhe »zu einem erschreckenden Anteil auf Propaganda. Indizien, die gegen das kosmologische Standardmodell sprechen, werden unterdrückt, alternative Modelle unterworfen.« Der Kosmologe Lee Smolin hat gleich ein ganzes Buch gegen die neue Weltsicht geschrieben (*The Trouble with Physics*) und meint, man könne gern Ideen präsentieren, »aber wenn man eine Theorie hat, die weder etwas erklärt noch etwas vorhersagt, dann hört man auf, Wissenschaft zu machen«. Der Theoretiker Paul Steinhardt von der Princeton University lästert über einige aktuelle kosmologische Ideen: »Für mich ist das keine interessante Wissenschaft mehr, nur noch eine intellektuelle Spielerei.« Und der deutsche Astronom Günther Hasinger bekennt: »Ich habe manchmal das Gefühl, wir wissen immer weniger, je mehr wir dazulernen.« Je nachdem, wen man fragt, steht die Wissenschaft vom Kosmos in voller Blüte oder ganz nah am Abgrund. Wer hat recht?

Der Streit entzündet sich an zwei Problemen, die miteinander zusammenhängen. Das erste: Wenn man alle Beobachtungsdaten und physikalischen Theorien zu einem kosmologischen Modell zusammenpuzzelt, erhält man auf den ersten Blick ein in sich schlüssiges Gesamtkunstwerk. Aber der Preis dafür ist hoch. Man muss annehmen, dass das Universum zu 95 Prozent aus mysteriösen Formen von Masse und Energie besteht, für die es bisher kaum mehr als Namen gibt: »Dunkle Energie« und »Dunkle Materie«. Nur vier Prozent des Universums sind normale Atome, weniger als ein Prozent sind Neutrinos. Die Urknalltheoretiker müssen an ihrem Modell herumflicken wie einst Ptolemäus am geozentrischen Weltbild.

Das zweite Problem ist die Nano-nano-nano-und-noch-kleiner-Sekunde nach dem Urknall. In diesem Augenblick waren Materie und Energie so stark verdichtet, dass weder die Relativitätstheorie (die Theorie fürs Grobe) noch die Quantentheorie (die Theorie fürs Kleine), die Situation beschreiben können. Man bräuchte eine vereinigte Quanten-Relativitäts-Theorie – die Weltformel –, aber die gibt es derzeit nicht. Es gibt nur einigermaßen plausible Szenarien für den ersten Augenblick des Universums. In den plausibelsten blähte das Universum sich unmittelbar nach dem Urknall rasend schnell auf. Sie heißen Inflationsszenarien und sind unter den Forschern besonders beliebt, weil sie gravierende Mängel der ursprünglichen Urknalltheorie beheben.

Aber welche Kraft mag die Inflation getrieben haben? Die rätselhafte Dunkle Energie etwa, die wie eine Antischwerkraft wirkt? Könnte sein, muss aber nicht, sagen die Theoretiker und rechnen munter weiter. Das kann ihnen niemand verbieten. Da mögen die Astronomen noch so feinfühlige Messgeräte bauen, es ist fraglich, ob sie die Inflationstheorie je durch Beobachtungen überprüfen können. Die »Ära der Spekulation«, die der Nobelpreisträger Smoot schon hinter sich wähnte, dauert an. Heutige Kosmologen bauen ihre Weltbilder auf gar nicht so andere

Weise als einst Aristoteles und Demokrit, nur auf einem viel größeren Wissensfundament.

Wer keinen Mut zum Spekulieren hat, muss die Inflationstheorie ablehnen und sich das Nachdenken über den Urknall verbieten. Wer den Anfang des Universums jedoch lieber durch Spekulation ergründet als gar nicht, kann die Inflationstheorie konsequent zu Ende denken – und landet beim Multiversum. Denn wenn die Triebkraft der Inflation unser Universum so brachial auseinandergedrückt hat, dann schafft sie das auch mehrmals. Dann gab es nicht nur einen Urknall, sondern ganz viele, und jeder von ihnen bläht ein neues Universum auf. Je populärer die Inflationstheorie wird, desto drängender stellt sich die Frage nach anderen Welten. Aber der Reihe nach.

Wer hat den Kosmos so gut justiert?

Ende der Siebzigerjahre hatten weite Teile der Kosmologie-Gemeinde das Urknallmodell als Schöpfungsgeschichte des Universums akzeptiert. Gewiss, einige Fragen musste man zunächst ignorieren: Woher kam die ganze Materie? Was knallte da eigentlich, warum knallte es, und wie genau? Was war vor dem Urknall? Andererseits passte das Urknallmodell zu wichtigen Beobachtungen der Astronomen und Astrophysiker. Aber nicht alle Messungen fügten sich nahtlos in das Urknallmodell ein. Die Theoretiker plagten sich vor allem mit zwei Rätseln herum, die sie das »Horizontproblem« und das »Flachheitsproblem« tauften.

Das Horizontproblem: Warum hat das Universum überall am Horizont die gleiche Temperatur? Das All ist von Wärmestrahlung durchflutet, die aus allen Richtungen auf die Erde trifft. Diese Strahlung ist seit dem Urknall tief abgekühlt, auf minus 270 Grad Celsius. Und verblüffenderweise schwankt ihre Temperatur nur um 0,0002 Grad, also so gut wie gar nicht. Das von der Erde sichtbare Universum ist so gleichmäßig temperiert wie eine Tiefkühltruhe mit 14 Milliarden Lichtjahren Radius. Irgendwann muss ein Temperaturausgleich stattgefunden haben. Aber wie und wann? Mit dem ursprünglichen Urknallmodell war das unerklärlich. Man kann den Film der Schöpfungsgeschichte in Gedanken rückwärts laufen lassen, um das zu erkennen. Von der Erde sieht das so aus: Der Raum schrumpft wieder zusammen, ferne Galaxien kommen näher. Aber elektromagnetische Strahlung wie Licht und Mikrowellen, die sich von allem am schnellsten bewegen, ziehen sich noch schneller zurück als die Galaxien. Galaxien am Rand unseres Horizonts geraten außer Sichtweite. Entgegengesetzte Ränder des von uns sichtbaren Universums können also früher erst recht keinen Kontakt gehabt haben. Das Horizontproblem ist so rätselhaft wie die Vorstellung, alle Tiefkühltruhen der Welt hätten plötzlich die gleiche Temperatur, obwohl ihre Besitzer nie miteinander Kontakt halten, um sich auf diese Einheitstemperatur zu einigen.

Das Flachheitsproblem war nicht minder mysteriös: Aus Einsteins Relativitätstheorie folgt, dass Energie und Materie den Raum verbiegen können – ein Lichtstrahl, der an einem Stern vorbeisaust, wird von der Gravitation des Sterns auf eine gekrümmte Bahn gezwungen. Newton hatte den Raum als eine dreidimensionale Bühne betrachtet, auf der das Welttheater spielt. Nach Einstein jedoch war klar, dass der Raum selbst gekrümmt sein kann. Ist er aber nicht. Astronomen haben mit dem Nasa-Satelliten WMAP nachgemessen, dass das Universum (außer in der Nähe von Schwarzen Löchern und schweren Sternen) nicht krumm, sondern flach ist. Im traditionellen Urknallmodell grenzt das an ein Wunder. Energie und Materie mussten von Anfang an haargenau richtig verteilt sein. Es scheint, als habe eine unsichtbare Hand das Universum perfekt justiert. Der

Physiker Brian Greene fühlt sich an die Dusche in seinem Studentenwohnheim erinnert: »Gelang es, den Knopf perfekt einzustellen, konnte man bei angenehmer Wassertemperatur duschen. Doch bei der geringsten Abweichung wurde das Wasser kochend heiß oder eisig kalt.« Einige Studenten duschten dann gar nicht mehr.

Na und?, könnte man einwenden, wenn die Dichte heute ziemlich genau dem magischen Wert entspricht, dann wurde sie eben im Urknall exakt getroffen. Wie der Zufall so spielt. Aber mit Zufällen finden Physiker sich nicht einfach so ab. Also suchten sie ein Szenario, in dem unser heutiges Universum nicht ganz so unwahrscheinlich und zufällig ist wie im herkömmlichen Urknallmodell. Ein junger Physiker aus Kalifornien fand es.

Die Aufblähung rettet das Urknallmodell

Alan Guth war Teilchenphysiker an der Stanford University und interessierte sich für Kosmologie nur am Rande. 1978 hatte er einen Vortrag von Robert Dicke gehört, einem der Miterfinder des Standard-Urknallmodells. Dicke hatte über das Flachheitsproblem gesprochen. Ein Jahr später, am 8. Dezember 1979 nachts um eins, »nach den produktivsten Stunden, die ich je an meinem Schreibtisch verbracht hatte«, so Guth später, erlebte er seinen Heureka-Moment. »SPECTACULAR REALIZATION«, spektakuläre Erkenntnis, schrieb er in sein Notizbuch: »Diese Art von Superkühlung [die Inflation] kann erklären, warum das Universum heute so unglaublich flach ist – und damit das Feinabstimmungs-Paradox lösen, von dem Bob Dicke bei seiner Einstein-Vorlesung gesprochen hatte.« Er umrahmte die Notiz mit doppeltem Strich.

Aus der Teilchenphysik kannte Guth eine Kraft, die dem Vakuum entspringt und die wie eine Antigravitation wirkt.

Das Vakuum der Teilchenphysik hat mit dem Vakuum in einer Luftpumpe bis auf den Namen nicht mehr viel gemein. Es ähnelt ein bisschen dem Äther, an den Naturforscher lange Zeit glaubten. Man kann sich dieses Vakuum wie einen unsichtbaren Sirup vorstellen, der den ganzen Raum durchdringt. Es steckt voller Energie und Spannung. Diese Spannung reichte nach Guths Berechnungen aus, um das Universum innerhalb von Bruchteilen einer Sekunde um ein Vielfaches aufzublähen. In Zahlen: Guths Aufblähung begann 10^{-37} Sekunden nach dem Zeitpunkt Null, gleichsam um 0,000 000 000 000 000 000 000 000 000 000 000 000 1 Uhr, und war 10^{-35} Sekunden nach Null, also um 0,000 000 000 000 000 000 000 000 000 000 000 001 Uhr, schon wieder vorbei. In diesem Körnchen Zeit blähte sich das Universum um das 10^{50}-Fache auf.

Guths Idee lieferte das Drehbuch für eine schier unglaubliche Schöpfungsgeschichte. Sie machte einige merkwürdige Annahmen über den Anfang des Universums. Dafür löste sie das Flachheitsproblem: Durch die enorme Aufblähung in der ersten Sekunde würde jegliche Krümmung der Raumzeit ausgebügelt. Es ist ähnlich wie mit der Erdkugel: Wegen ihres riesigen Durchmessers erscheint sie uns Bewohnern wie eine Scheibe. Und könnte man sie weiter aufblasen, wären auch Unebenheiten wie die Alpen flach wie Schleswig-Holstein.

Und auch das Horizontproblem war damit gelöst. Der Inflationstheorie zufolge waren alle Elemente des Universums ursprünglich miteinander in Kontakt. Sie konnten eine einheitliche Temperatur annehmen wie die Moleküle in einem Glas Wasser. Dann blähte die Inflation das Universum mit Überlichtgeschwindigkeit auf. Solche Geschwindigkeiten scheitern eigentlich am Tempolimit der Relativitätstheorie, aber in diesem Fall blähte sich der Raum selbst auf, das ist erlaubt. Der Raum überholte das Licht. Nach der Inflation driftete das Universum gemächlicher auseinander. Die Horizonte waren nun unerreichbar weit voneinander entfernt, hatten aber eine gemeinsame Vergangenheit. Die Temperatur war überall gleich.

Die Inflationstheorie begeisterte die Physiker. Zwischen 1981 und 1996 wurden mehr als 3000 Artikel darüber veröffentlicht. Alan Guths Notizbuch liegt heute wie ein Schatz in einer Vitrine im Adler Astronomy Museum in Chicago, und Guth wurde als Physikprofessor ans Massachusetts Institute of Technology berufen. Für den Nobelpreis ist seine Theorie noch zu spekulativ. Stattdessen wurde er 2005 vom *Boston Globe* mit dem Preis für das chaotischste Büro ausgezeichnet.

Während die Theoretiker das Inflationsmodell diskutierten, trugen Astronomen und Astrophysiker immer mehr Daten über das Universum zusammen. Aus den Messungen des Satelliten COBE folgte, dass das Universum geometrisch flach ist. Die Geometrie hängt wiederum vom Masse-Energie-Gehalt des Universums ab. Damit der Raum flach ist und nicht gekrümmt, müsste das Weltall im Mittel fünf Wasserstoffatome pro Kubikmeter enthalten. (Sterne und Planeten sind viel dichter, aber es geht um den Durchschnittswert über Milliarden von Lichtjahren.) Aber die Fahndung nach gewöhnlicher Materie in Sternen, Planeten und interstellarem Staub ergab nur eine Materiedichte von 0,2 Wasserstoffatomen pro Kubikmeter. Wo waren die restlichen 4,8 Wasserstoffatome, die fehlenden 95 Prozent?

Da erinnerte man sich an den Schweizer Astrophysiker Fritz Zwicky. Der hatte schon Anfang der Dreißigerjahre in einem Galaxienhaufen im Sternbild Jungfrau etwas Merkwürdiges beobachtet: Die Galaxien bewegten sich, als hätten sie das Zehn- oder gar Hundertfache der Masse, die man ihnen auf den ersten Blick ansieht. In dem Galaxienhaufen musste zusätzliche Masse versteckt sein, deren Gravitationskraft an den Galaxien zerrt – große Schwaden interstellaren Gases, vermutete Zwicky. Doch der kosmische Ballast verhält sich ganz anders als ein Gas. Er ist komplett unsichtbar und viel reaktionsträger als altbekannte Materie. Er verrät sich nur indirekt, durch die Gravitationskraft, die er auf sichtbare Objekte ausübt.

Der Verdacht fiel auf alles Mögliche: Sternenwracks, Schwarze Löcher, Neutrinos. Nichts passte. Es musste eine völlig neue Form von Materie sein. Bis heute haben Physiker nicht viel mehr als einen Namen dafür: Dunkle Materie. Aus all den Messungen weiß man heute, dass die Dunkle Materie fast 25 Prozent zur Energie-Masse-Bilanz des Universums beiträgt. Nicht 95 Prozent, die man eigentlich für ein flaches Universum brauchte, aber immerhin. Irgendwo muss man ja anfangen.

Dunkle Materie schwirrt durchs Büro

An Erklärungsversuchen für die Dunkle Materie mangelt es nicht. Teilchenphysiker verdächtigen gern neue, noch unbekannte Elementarteilchen und geben ihnen Namen wie WIMP (das steht für *Weakly interacting massive particle*, bedeutet aber auch Feigling), Axion und Neutralino (nicht zu verwechseln mit dem Neutrino). Solche Hypothesen sind nicht ganz uneigennützig, die Forscher müssen schließlich ihre teuren Detektoren und Teilchenbeschleuniger rechtfertigen, mit denen sie die flüchtigen Winzlinge vielleicht aufspüren könnten. Wer die Dunkle Materie zuerst findet, bekommt den Nobelpreis.

Dass man die Dunkle Materie noch nicht dingfest gemacht hat, ist unschön für die Kosmologie, aber noch kein existenzielles Problem. Denn während Sterngucker und Teilchenforscher noch rätseln, woraus die Dunkle Materie

Die dunkle Materie ist überall

besteht, wird andernorts schon fleißig damit gerechnet. Am Max-Planck-Institut für Astrophysik in Garching bei München simulieren Theoretiker die Schöpfungsgeschichte mit Supercomputern. Das »Grüß Gott« des bayerischen Pförtners bekommt hier einen tieferen Sinn.

Simon White deutet mit dem Kinn quer durch sein großzügig geschnittenes Büro. »Die Dunkle Materie ist überall«, sagt der gebürtige Engländer und Leiter des Instituts. Wenn er richtig rechnet, schwirren in jedem Moment mehr als hundert Teilchen der Dunklen Materie durch sein Arbeitszimmer. Doch wie kann man mit einem Teilchen rechnen, das noch nie direkt nachgewiesen wurde? »Es reicht zu wissen, dass sie schwer sind«, sagt White. Die genaue Masse ist nicht so wichtig, Hauptsache die Teilchen fliegen durchs All und ziehen andere Materie an, egal ob dunkel oder hell.

White lässt auf seinem Laptop einen zweiminütigen Film laufen: 13 Milliarden Jahre kosmische Geschichte in Zeitraffer, ein paar hundert Millionen Jahre nach dem Urknall bis heute. Dafür mussten mehrere Doktoranden drei Jahre lang promovieren und ein Supercomputer, der auf Platz 50 der Computer-Weltrangliste stand, drei Monate lang rechnen. Am Anfang zeigt der Film ein anarchisch verwobenes Batikmuster aus bläulich eingefärbten Fäden: die Dunkle Materie. Nach und nach verstärken sich einige Fäden, andere verschwinden. Knotenpunkte ziehen normale Materie an, die ersten Sterne tauchen auf, wenige hundert Millionen Jahre nach dem Zeitpunkt Null.

Drei Sternengenerationen hat das Universum seitdem hervorgebracht. Aber seit sechs Milliarden Jahren geht die Geburtsrate neuer Sterne kontinuierlich zurück. Das Universum ist vom Aussterben bedroht. Whites Sternenkino geht weiter bis zum Ende der Welt: Die Andromeda-Galaxie wird mit der Milchstraße kollidieren, und die Sterne werden wie ein Bienenschwarm durchs All wirbeln. In zehn Milliarden Jahren werden wir dann nicht mehr in einer spiralförmigen, sondern einer elliptischen Galaxie wohnen – allerdings nicht auf der Erde, denn vorher wird die ausgebrannte Sonne zu einem großen glühenden Himmelskörper, einem »roten Riesen«, anschwellen und alles Leben auf der Erde vernichten. Zum Schluss sterben die übrigen Sterne einen ähnlichen Tod oder enden als Schwarze Löcher. Es wird dunkel. Simon White klappt den Laptop zu.

»Dann gibt es nichts mehr zu tun.« Zumindest nicht in diesem Universum.

So stark verdüstert haben sich die Aussichten für das Universum erst vor Kurzem. Bis 1997 lautete die Lehrmeinung der Kosmologie: Die Expansion des Universums verlangsamt sich durch die Anziehungskraft von sichtbarer und Dunkler Materie. Das Universum falle dann eines Tages wieder in sich zusammen und ende im Big Crunch, vielleicht gibt es einen erneuten Urknall. Doch die Kosmologen haben ihr Fähnchen um 180 Grad gedreht. Innerhalb weniger Jahre vollzogen sie einen radikalen Meinungswandel hin zum beschleunigt expandierenden Kosmos. Die neue Sicht auf den Kosmos erklärte zwar einige Unstimmigkeiten im Big-Crunch-Szenario, gab den Wissenschaftlern aber umso mehr Rätsel auf. Sie kamen vom Regen in die Traufe.

Die Energiewende der Astronomen

Bruno Leibundgut ist einer von denen, die diese Wende eingeleitet haben. Er arbeitet im Hauptquartier der Europäischen Südsternwarte ESO in Garching, nur ein paar Meter von Simon White entfernt, wo die Beobachtungen mit den europäischen Teleskopen in Chile koordiniert werden. Wer ihn besucht, muss alle Vorstellungen von irdischer Raumzeit hinter sich lassen. Das ESO-Gebäude soll im Querschnitt den Fragmenten einer Sternexplosion ähneln, dem Krebsnebel. Es gibt kaum rechte Winkel, dafür umso mehr Treppen, auf denen man sich schnell verlaufen hat. »Der Architekt hat einen Preis bekommen«, sagt Leibundgut wie zur Entschuldigung. Er trägt blaue Jeans, ein blau kariertes Hemd, hat ebenso blaue Augen und sieht ein bisschen aus wie der emeritierte Fußballer Stefan Effenberg, nur viel entspannter.

Bruno Leibundgut ist einer der fünf führenden Experten für Entfernungsmessungen im Weltall. Seine Finger pflügen durch die Luft, seine Hände markieren Distanzen auf dem Schreibtisch. Er breitet die Arme aus. Das ist die Größe des sichtbaren Universums. Es ist der Weg, den ein Lichtstrahl in 13,7 Milliarden Jahren zurücklegt. Dann teilt Leibundgut die Strecke mit der Handkante bis zur Hälfte. »Bis dahin können wir messen.«

Die Idee der Entfernungsmessungen ist simpel. Als kosmische Landmarken nutzen die Wissenschaftler eine bestimmte Art von Sternexplosionen (Supernovae), die am Ende ihres Lebens alle den gleichen Tod sterben. Sie explodieren wie eine gewaltige Atombombe und leuchten dabei mehrere Wochen lang heller als eine Milliarde Sonnen oder eine ganze Galaxie. Anhand der Helligkeit lässt sich ausrechnen, wie weit der Stern entfernt ist. »Wenn man weiß, dass eine Glühlampe 100 Watt hat, kann man aus der Helligkeit die Entfernung abschätzen«, sagt Leibundgut. Auf dem gleichen Prinzip beruhten die Entfernungsmessungen der Astronomen vor 100 Jahren, nur dass man damals blinkende Sterne, Cepheiden, beobachtete. Supernovae sind als Standardkerzen im All noch zuverlässiger.

Aus der Rotverschiebung und aus der Helligkeit der Supernovae lässt sich berechnen, ob das Weltall sich früher schneller oder langsamer ausdehnte als heute. Leibundgut vergleicht das mit drei hupenden Autos. Das eine fährt mit konstanter Geschwindigkeit, das andere beschleunigt, das dritte bremst. Supernovae-Forscher beobachten die Situation aus weiter Entfernung. Aus dem Ton der Hupe schließen sie auf die Geschwindigkeit, aus der Helligkeit der Rücklichter auf die Entfernung. Die Entfernung ist im Weltall außerdem ein Maß für die Vergangenheit, denn je weiter ein Stern von der Erde entfernt ist, umso länger war das Licht unterwegs. So lässt sich die Expansionsgeschwindigkeit des Universums vom Urknall bis heute rekonstruieren.

Um die Supernovae aufzuspüren, bringen die Astronomen die größten Teleskope der Welt in Stellung, das Very Large Telescope in Chile, das Keck-Teleskop in Hawaii und das Hubble-Teleskop im All. In den Tagen vor und nach Neumond, wenn die Lichtverschmutzung am Himmel am geringsten ist, peilen sie die fernen Galaxien an. Inzwischen haben sie mehr als 100 brauchbare Sternexplosionen gesammelt. Als der Doktorand Adam Riess die ersten Daten auswertete, stieß er auf eine Sensation: Das Universum bremste nicht etwa ab, es beschleunigte. Die weit entfernten Supernovae leuchteten 25 Prozent schwächer, als es ein bremsendes Universum mit 100 Prozent Materie erwarten ließe.

Die Forscher waren ausgezogen, um ein abbremsendes Universum zu finden, und fanden ein Universum, das sich immer schneller ausdehnt. Eine unbekannte Kraft musste es auseinandertreiben. Sie bekam den Namen »Dunkle Energie«.

Die Kollegen waren konsterniert. Bruno Leibundgut erinnert sich noch gut an eine Rundmail des Kollegen Robert Kirshner von der Harvard University. Dieser fürchtete eine Blamage. »Im Herzen wissen wir, dass das nicht sein kann«, schrieb er an sein Team, »auch wenn der Kopf uns sagt, dass wir nur eine Beobachtung wiedergeben.« Seit Jahrzehnten hatten Kosmologen und Astronomen ein Universum vor Augen, dass sich immer langsamer ausdehnt und aufgrund der Schwerkraft wahrscheinlich sogar wieder in sich zusammenstürzen wird. Adam Riess antwortete: »Glaubt nicht eurem Herzen oder Verstand, sondern euren Augen. Schließlich sind wir Beobachter!«

Die Ergebnisse vom beschleunigt expandierenden Universum wurden veröffentlicht und von einer zweiten, unabhängigen Forschungsgruppe bestätigt. Das amerikanische Wissenschaftsjournal *Science* kürte die Resultate zur Ent- deckung des Jahres 1998. Je mehr Supernovae die Astrophysiker in den folgenden Jahren ins Visier nahmen, umso genauer konnten sie die Geschichte des Universums rekonstruieren. Dabei zeigte sich, dass sich die Expansion des Universums bis acht Milliarden Jahre nach dem Urknall tatsächlich verlangsamt hatte, aber seitdem, also in den vergangenen sechs Milliarden Jahren, wieder beschleunigte. Die Theoretiker waren alarmiert. Hatte die Beschleunigung etwa die gleiche Ursache wie die Aufblähung des Universums in der ersten Sekunde? »Die Entdeckung sandte Erschütterungswellen durch die Physikergemeinschaft«, erinnert sich Alexander Vilenkin. Manche hoffen bis heute, dass die Ergebnisse sich bei genauem Hinsehen in Luft auflösen. Zu mysteriös erscheint ihnen die Dunkle Energie. Tatsächlich sind die Abstandsmessungen zu den fernen Sternexplosionen äußerst knifflig. Möglicherweise gibt es Fehlerquellen, an die noch niemand gedacht hat.

70 Prozent des Universums tauchen auf

Die Dunkle Energie überraschte die Kosmologen wie eine verschollen geglaubte Ex-Frau, die nach ein paar Jahrzehnten plötzlich wieder auftaucht und Unterhaltszahlungen einfordert. 1917 glaubte Albert Einstein, so wie fast alle Gelehrten seit Isaac Newton, an ein ewiges, unveränderliches Universum. Seine Allgemeine Relativitätstheorie sagte jedoch ein Universum voraus, das sich entweder zusammenzieht oder ausdehnt. Also addierte Einstein in seiner Formel eine Konstante hinzu, die er mit dem griechischen Buchstaben Lambda bezeichnete. Sie wirkte wie eine abstoßende Kraft und hielt das Universum im Gleichgewicht. Es war ein bloßer Rechentrick. Später entschuldigte Einstein sich sogar dafür.

Als Hubbles Beobachtungen ein expandierendes Universum nahelegten, machte Einstein einen Rückzieher. Der Legende nach soll er die Kosmologische Konstante gegenüber George Gamow als »größte Eselei meines Lebens« bezeichnet haben. Und so ähnlich dachten die Kosmologen viele Jahrzehnte lang. »Die Kosmologische Konstante war ein schlechter Weggefährte«, sagt Harvard-Astronom Robert Kirshner heute, »in den letzten 50 Jahren begann jeder vernünftige Aufsatz mit der Annahme Lambda = 0«.

Doch die Supernovae-Daten vom beschleunigt expandierenden Universum haben Einsteins alte Idee wiederbelebt. »Wir müssen lernen, mit Lambda zu leben«, sagt Kirshner. Die Größe wirkt wie eine Antigravitation, die den Raum auseinandertreibt. Und anders als bei Einstein kommt sie bei den heutigen Kosmologen gut an. Die Dunkle Energie lieferte ihnen das letzte Puzzlestück für das neue Weltbild. Als sie nämlich aus den Supernovae-Messungen ausrechneten, wie viel Gewicht die Dunkle Energie auf die Waage bringt, fanden sie rund 70 Prozent des gesamten Universums. Fast genau die fehlende Masse für ein flaches Universum. Es ist ungefähr so, als hätten die Geologen nach langer Zeit endlich bemerkt, dass es Wasser auf der Erde gibt.

Je weiter sich das Universum ausdehnt, desto dünner ist es mit Materie gefüllt, und desto stärker wird es von der Dunklen Energie beherrscht. In einigen Milliarden Jahren wird das Universum fast ausschließlich aus Dunkler Energie bestehen. So lautet jedenfalls die aktuelle Version der Schöpfungsgeschichte. In Dunkler Energie endet die Welt – und als Dunkle Energie könnte sie begonnen haben, glauben Urknallforscher. Das nämlich würde ein weiteres Rätsel lösen, das sie plagt: die scheinbare Erschaffung der

Welt aus dem Nichts. Mit der Dunklen Energie ist das keine Zauberei mehr, denn Dunkle Energie ist eine Eigenschaft des Raums, die Menge pro Volumen (die Energiedichte) ist konstant. Das bedeutet: Wenn sich der Raum ausdehnt, wird die Dunkle Energie nicht verdünnt, sondern vermehrt. Physiker haben ausgerechnet: Schon ein Klümpchen von zehn Kilogramm Dunkler Energie, verdichtet in einem winzigen Kügelchen, würde während seiner Aufblähung so viel Energie hinzugewinnen, dass sich das gesamte Inventar des Universums daraus materialisieren könnte. Woher kommt das Anfangsklümpchen? Das wäre noch zu klären, aber das erscheint weniger rätselhaft als die Herkunft eines ganzen Kosmos

Bleibt noch eine nicht ganz unwichtige Frage: Was ist Dunkle Energie eigentlich? Darüber können die Kosmologen nur spekulieren, aber das können sie gut. Alan Guth, und mit ihm viele andere, vermuten dahinter die Antischwerkraft, die dem Vakuum entspringt. Aber wenn sie deren Stärke ausrechnen, kommen sie auf eine Zahl mit 124 Nullen – 123 Nullen zuviel, verglichen mit den Messwerten der Astronomen. »Irgendeine heldenhafte Feinabstimmung muss die Energie wieder um 123 Zehnerpotenzen reduzieren und die 124. Dezimalstelle unberührt lassen«, sagt Lawrence Krauss von der Arizona State University. Feinabstimmung – da ist es wieder, das Reizwort der Physiker. Man kann den Stand der Forschung auch so zusammenfassen: Das Universum besteht zu 70 Prozent aus einer unbekannten Energie, bei deren Abschätzung die Experten völlig danebenliegen.

Und diese Leute wollen die Weltformel finden? Viele von ihnen ahnen inzwischen, dass sie nach etwas gesucht haben, das es so vielleicht nicht gibt. Und so machen sie sich bereit für einen Perspektivenwechsel, der dem vom geozentrischen zum heliozentrischen Weltbild ähnelt: So wie Kopernikus die Erde aus dem Mittelpunkt des Sonnensystems rückte, rückt jetzt unser Kosmos zur Seite. Damals reihte sich die Erde unter die Planeten ein, heute wird unser Universum eines von vielen. Das alte Inflationsmodell wird erweitert zu einer Theorie der ewigen Inflation, derzufolge der Raum sich nicht nur einmal bläht, sondern in einem fort. Die Welt blubbert wie ein Schaumbad. Jede Blase ist der Keim eines neuen Universums mit eigenen Naturgesetzen. Es gibt nicht mehr die eine Weltformel, sondern unendlich viele.

Auch die Stärke der Dunklen Energie schwankt von Universum zu Universum. Einige Universen sind mit zu viel Materie an den Start gegangen und gleich wieder in sich zusammengestürzt. Andere hatten einen Überschuss an Dunkler Energie, der sie zerrissen hat. Und ein paar haben ebenso Leben hervorgebracht wie unseres. Weil es so viele Blasen gibt, ist es kein Wunder, dass die Dunkle Energie in diesen Welten jenen unwahrscheinlichen Wert annimmt, den wir in unserem Universum messen. »Unser gesamtes Universum«, sagt der königlich-britische Hofastronom Sir Martin Rees, »wäre eine winzige, aber fruchtbare Oase inmitten eines riesigen Multiversums.«

In aller Kürze: Die Schöpfungsgeschichte unseres Universums

0:00:00

Der Urknall. Was in diesem Moment passiert, entzieht sich bislang allen Theorien. Die vier fundamentalen Kräfte der Natur, darunter die Schwerkraft, sind vermutlich in einer einzigen Kraft vereint. Erst eine »Theorie für Alles« dürfte den Urknall beschreiben können.

0,000 000 000 000 000 000 000 000 000 000 000 000 000 000 1 Sekunden

Raum und Zeit entstehen. Ein wichtiges Indiz für die Urknalltheorie entdeckt Edwin Hubble in den 1920er-Jahren mit dem Hooker-Teleskop: Die Galaxien im Universum entfernen sich voneinander, der Raum dehnt sich aus. Es muss also einst einen gemeinsamen Ausgangspunkt gegeben haben.

0,000 000 000 000 000 000 000 000 000 000 000 000 1 Sekunden

Das Universum ist kleiner als eine Erbse. Dann beginnt die Inflation, angetrieben von einer noch unbekannten Energie mit der Wirkung von Antischwerkraft. Sie bläht das Universum um das 10^{60}-Fache auf. Diese Inflationstheorie ist spekulativ, aber derzeit die beste aller Erklärungen für die ersten Sekundenbruchteile des Universums. Durch zufällige räumliche Energiefluktuationen werden die späteren Strukturen angelegt: Wo die Energiedichte höher ist, wird später mehr Materie zusammenklumpen – der Ursprung von Galaxienhaufen und Galaxien.

0,000 000 000 000 000 000 000 000 000 000 000 01 Sekunden

Die Inflation endet. Das Universum hat nun einen Durchmesser von vielen Milliarden Lichtjahren und ist angefüllt mit einer Ursuppe aus Elementarteilchen wie Quarks, Neutrinos und Elektronen. Es dehnt sich fortan langsamer aus, allerdings immer noch fast mit Lichtgeschwindigkeit.

0,000 001 Sekunden

Jeweils drei Quarks kleben zusammen und bilden Protonen und Neutronen sowie deren Antiteilchen. Dank unterschiedlicher Häufigkeiten von Quarks und Antiquarks gibt es einen leichten Überschuss an normaler Materie. Ohne diese Asymmetrie hätten sich Materie und Antimaterie wieder vernichtet, das Universum wäre nur mit Energie gefüllt.

100 Sekunden
Das Universum kühlt ab, ist aber noch heiß genug für die Kernfusion: Ein Teil der Protonen und Neutronen verschmilzt zu Heliumatomkernen.

1 Stunde
Protonen, Heliumatomkerne und Elektronen schwirren durch den Raum: ein Plasma, ähnlich wie in Leuchtstoffröhren. Es ist mehrere Millionen Grad heiß.

100 000 Jahre
Atomkerne und Elektronen driften durch das Universum wie Sandkörner in einem Wüstensturm. Lichtstrahlen kommen in diesem Chaos nicht weit, das All ist undurchsichtig.

400 000 Jahre
Es wird hell. Die Atomkerne und Elektronen sind so weit abgekühlt, dass sie zusammen Wasserstoff- und Heliumatome bilden. Elektromagnetische Strahlen können sich nun ungehindert durchs All ausbreiten. Sie sind das »Echo des Urknalls«, die kosmische Mikrowellen-Hintergrundstrahlung.

200 Millionen Jahre
Dunkle Materie, Wasserstoff und Helium ziehen sich durch die eigene Schwerkraft zusammen und bilden erste Sterne. In ihrem Innern verschmelzen die Atome zu schwereren Elementen wie Kohlenstoff, Stickstoff, Sauerstoff und Sili-

zium. Die Sterne existieren nur ein paar Millionen Jahre. Dann implodieren sie und schleudern schwere Elemente ins All – das Materiallager für die nächste Sternengeneration.

400 Millionen Jahre
Zwerggalaxien vereinigen sich zu Galaxien. Unsere Milchstraße ist eine von ihnen. Sie besteht heute aus mindestens 100 Milliarden Sternen.

9 Milliarden Jahre
Unsere Sonne entsteht an einem Seitenarm der Milchstraße aus einer kollabierenden kosmischen Gaswolke. Sie ist umgeben von einer Scheibe aus Staub und Gas. Da, wo sich die meiste Materie befindet, bilden sich Planeten, darunter die Erde.

13,7 Milliarden Jahre
Der Mensch tritt auf den Plan. Er besteht aus Atomen, die einst in Sternen ausgebrütet wurden. Die Sonne hat heute etwa die Hälfte ihres Brennstoffs verbraucht.

7 Varianten des Multiversums

Universum, U·ni·ver·sum ⟨[-'vɛr] n.; -s; unz.⟩ = Weltraum [lat.; zu universus »sämtlich«]

Wahrig, Deutsches Wörterbuch

Manhattan, an einem Abend im Mai 2008. Mark Oliver Everett, Künstlername »E«, ist mal wieder auf der Bühne, in Jeans, mit Vollbart und wuchtiger Brille. So weit alles normal. Aber diesmal hat Mister E seine Gitarre nicht dabei. Vor ihm keine tobende Menge, sondern stille New Yorker Bildungsbürger in roten Samtsesseln. Neben ihm kein Bassist und kein Schlagzeuger, sondern drei Physiker im Anzug. Mark Everett ist nicht hier, um mit seiner Band, den Eels, *It's a Motherfucker* zu singen. Er ist hier, um über das Multiversum zu reden.

Das Treffen ist Teil des *World Science Festivals*, einer Art Weltwissenschaftsgipfel. Die internationale Forscherelite ist nach New York gekommen, Nobelpreisträger, Historiker, Philosophen. Hirnforschung steht auf dem Programm, die Wissenschaft der Moral, erneuerbare Energien und, an diesem Abend, das Multiversum. Neben dem Bandleader Everett sitzen: der Kosmologe Max Tegmark vom Massachusetts Institute of Technology, jugendliche Erscheinung, smart, schwedischer Akzent; Michio Kaku, Stringtheoretiker von der City University of New York, weißes wallendes Haar, Vorbild Albert Einstein; der Brite Brian Cox, beteiligt am Bau des Teilchenbeschleunigers *Large Hadron Collider* (LHC), der Riesenmaschine bei Genf, die Schlagzeilen machte, weil sie angeblich Schwarze Löcher und Babyuniversen produzieren kann. Alle drei machen Physik, aber auf völlig verschiedene Art und Weise. Tegmark erforscht den Kosmos als ganzen. Kaku denkt über winzige Elementarteilchen nach. Cox baut Instrumente, die diese Teilchen messen sollen. Tegmark und Kaku glauben an ein Multiversum. Cox moderiert.

Als Erster legt Max Tegmark sein Glaubensbekenntnis ab: »Ich glaube, dass wir gerade in anderen Welten ähnliche Diskussionen führen«, sagt er zu Cox. »In einigen davon habe ich vielleicht gerade mein Wasser auf Ihren Schoß verschüttet. Ich glaube wirklich, dass das da draußen passiert.«

Mark Everett versteht wenig vom Multiversum, hat aber viel damit zu tun. Sein Vater, der Quantenphysiker Hugh Everett III, war der erste Wissenschaftler, der eine echte Theorie des Multiversums formulierte: ihr zufolge spaltet sich die Welt unaufhörlich in Parallelwelten auf – so verstand Everett die Quantenmechanik. Er war ein wortkarger, introvertierter Typ, den einige Kollegen für begnadet und viele für beknackt hielten, gestorben 1982 an einem Herzinfarkt. Brian Cox fragt Mark Everett: »Wussten Sie, dass Ihr Vater einer der größten Physiker war? Dass er gleichrangig mit Einstein und Newton in die Geschichte eingehen könnte?« – »Nicht, bis Max Tegmark es mir sagte«, antwortet Mark Everett. »Mein Vater war mir ein völliges Rätsel.« Die Physik ist nicht seine Welt.

Michio Kaku will es Everett an einem Beispiel erklären. »Die Theorie Ihres Vaters beantwortet die Frage, die sich jeder stellt. Lebt Elvis Presley noch? Ja, in einem Paralleluniversum lebt er! Die Quantenmechanik ist die erfolgreichste

Theorie aller Zeiten. Und sie sagt, dass die Wirklichkeit sich dauernd in alle Möglichkeiten aufspaltet.« Kurze Stille. »Wie war das mit Elvis?«, fragt Everett. Gelächter im Publikum.

Cox ist skeptisch. »Bei meiner Arbeit benutze ich täglich die Quantenmechanik«, sagt er. »Sie funktioniert wunderbar. Aber wieso soll ich glauben, dass jedes Mal, wenn in diesem Saal zwei Teilchen kollidieren, eine neue Kopie des Saals entsteht?« Das folgt aus Hugh Everetts Deutung der Quantentheorie.

»Wir sollten damit rechnen, dass unser endgültiges Bild der Wirklichkeit bizarr erscheint«, antwortet Tegmark. »Unsere Intuition ist auf Dinge spezialisiert, die unseren Vorfahren das Überleben gesichert haben. Wenn wir nicht die Flugbahn eines Steins nachvollziehen könnten, den jemand nach uns wirft, dann wären wir längst aus dem Genpool verschwunden. Hätten unsere Vorfahren zu lange über die kleinsten Bausteine der Materie gegrübelt, wären sie gefressen worden.« Tegmark wendet sich Everett zu und sagt: »Wenn wir Theorien wie die Ihres Vaters als zu verrückt abtun würden, dann würden wir zwangsläufig auch die richtige Theorie ablehnen. Die endgültige Theorie wird mindestens so verrückt sein wie die Ihres Vaters. Und ich würde mein ganzes Geld darauf wetten, dass sie irgendeine Form von Paralleluniversen enthalten wird.«

An diesem Abend treffen Welten aufeinander. Rockmusiker und Quantenphysiker, Öffentlichkeit und Wissenschaft, Feuilleton und Stringtheorie, Samtsessel und Elementarteilchen. Aber niemand steht auf und verlässt den Saal. Hier plaudern die Menschen über Paralleluniversen wie andere über Hedgefonds, Hauskatzen oder Kochrezepte. Kann es sein, dass die Idee der Paralellwelten schon längst in der Gesellschaft angekommen ist, während die Physiker noch nach Beweisen suchen?

Es gibt kein internationales Schiedsgericht, das über die Ablehnung oder Akzeptanz neuer Weltbilder entscheidet, und neue Weltbilder werden auch nicht mit Zweidrittelmehrheit im Grundgesetz verankert oder von Physikern auf Konferenzen verabschiedet. Es gibt aber ein paar untrügliche Anzeichen dafür, dass eine physikalische Theorie Teil unseres Weltbildes ist. Sie wird in Quizshows und Abiturprüfungen abgefragt, zählt zur Allgemeinbildung, gehört zum Grundrauschen des Alltags, wird als Tatsache akzeptiert, in Witzen variiert, in Romanen, Filmen und Theaterstücken zitiert: Die Theorie vom Urknall hat es so weit gebracht. Die Idee vom Multiversum ist möglicherweise auf dem Weg dorthin.

Tatsächlich ist die Idee der Vielen Welten tief in unserem Denken verwurzelt. Immer wieder in der Kulturgeschichte taucht sie auf, mal als Ahnung, mal als Hoffnung, mal als Glauben, mal als Phantasie, erst jetzt als physikalische Theorie. Mal galt die Rede von anderen Welten als Lob der Allmacht Gottes, mal als Ketzerei. Vor ein paar Jahrzehnten setzten Wissenschaftler noch ihren Ruf aufs Spiel, wenn sie über das Multiversum theoretisierten. Heute ist es Mode. Auf den ersten Blick erscheinen die Physiker wie Pioniere, die ihre kühnen Gedanken von Paralleluniversen mühsam der Öffentlichkeit nahebringen. Wer genauer hinsieht, stellt fest: Die Physiker waren die Letzten, die diese Idee für sich reklamierten. Philosophen und Schriftsteller haben das Multiversum längst bis ins Detail durchdacht. Allerdings sind die Vorstellungen vom Multiversum mitunter so vielfältig wie die Parallelwelten selbst.

Multiversum und Poesie

Seit 2500 Jahren, also seit Anbeginn der abendländischen Kultur, geht die Idee vom Multiversum den Menschen im

Kopf herum. Die Pioniere der Kosmologie in der griechischen Antike, die christlichen Scholastiker im Mittelalter, die ersten Naturforscher in der Renaissance – sie alle dachten über andere Welten nach.

Mit dem Anbruch der Aufklärung im 17. Jahrhundert, nachdem sich Europa aus den engen mittelalterlichen Denk- und Lebensweisen befreit hatte, blühte die Phantasie: Blaise Pascal, einer der scharfsinnigsten Denker jenes Jahrhunderts, stellte sich Universen im Inneren der Atome unseres Universums vor. Der englische Mathematiker Joseph Raphson war überzeugt, »dass es nicht nur eine Vielzahl von Welten geben kann, sondern dass es in Wahrheit eine nahezu unendliche Zahl von Systemen gibt, verschiedenste Bewegungsgesetze, die zahlreiche Phänomene und Geschöpfe aufweisen«. Der niederländische Philosoph Baruch de Spinoza ging noch weiter und behauptete kühn, dass schlechthin alles, was möglich ist, wirklich existiere – ähnlich wie 300 Jahre später sein amerikanischer Berufskollege David Lewis, dem wir später noch begegnen werden.

Im 18. Jahrhundert spekulierte der kroatisch-italienische Philosoph und Jesuit Rugier Bošković über Welten, die von unserem Universum kausal entkoppelt sind: »Im gleichen Raum könnte es eine große Zahl von Universen geben, die so voneinander getrennt sind, dass sie vollkommen unabhängig voneinander sind und der Existenz eines anderen Universums niemals gewahr werden.« Dieser Satz hätte auch auf der Bühne in New York fallen können, Boškovićs Szenario ähnelt dem Multiversum der Stringtheorie, das wir ausführlich in Kapitel 9 vorstellen. Fast zeitgleich mit Bošković erwog auch der Oberaufklärer Immanuel Kant die Existenz anderer Universen – vor, nach und neben dem unseren. In seiner »Kritik der reinen Vernunft« versuchte er, durch pures Reflektieren über unseren Zeitbegriff herauszufinden, ob das Universum einen Anfang hatte (seine ernüchternde Bilanz war, dass man sich dabei in Widersprüche verwickelt).

Fast alles zum Multiversum, was heute so revolutionär erscheint, wurde schon mal gedacht. Als der Amerikaner Edgar Allan Poe, besser bekannt als Dichter und Verfasser düsterer Kurzgeschichten, am 3. Februar 1848 in einem Vortrag »über die Kosmogonie des Universums« in der New York Society Library behauptete, das Universum sei aus einem Punkt hervorgegangen, in den es wieder zusammenfallen und anschließend neu geschaffen werde, ahnte er sicherlich nicht, dass er damit Theorien eines seriellen Multiversums vorweggenommen hatte, die 150 Jahre später einige Physiker auf der Suche nach der Weltformel entwickeln würden.

Auch als Mark Everetts Vater Hugh 1957 die dreiste These aufstellte, dass die Welt sich unaufhörlich in Parallelwelten aufspalte, war die Idee dafür bereits 16 Jahre alt: Der argentinische Schriftsteller Jorge Luis Borges hatte sie in einer Kurzgeschichte dargelegt – ohne physikalische Hintergedanken.

Einen weiteren großen literarischen Auftritt hatte Everetts Quanten-Multiversum, wieder ohne beim Namen genannt zu werden, im Roman *Pale Fire* (1962) des russisch-amerikanischen Schriftstellers Vladimir Nabokov. Er treibt darin ein »Spiel der Welten« mit einem Ehepaar namens Shade (englisch für *Schatten*), das zugleich stirbt und weiterlebt – in verschiedenen Welten, die einander beeinflussen. Eine ganze Reihe von Nabokovs Werken spielt in verzerrten Spiegelwelten: Sein Roman *Ada oder das Verlangen* (1969) erzählt zum Beispiel die Geschichte einer Geschwisterliebe auf einer »Gegenerde«.

Auch in der aktuellen Weltliteratur taucht das Multiversum auf. Der amerikanische Autor Thomas Pynchon entwarf nach den Rezepten der Stringtheorie ein verwirrend komplexes Multiversum, in dem sein Tausend-Seiten-Opus *Gegen den Tag* (2006) spielt. Pynchons Figuren reisen zwischen Welten hin und her wie zwischen Kontinenten, von Gegenerde zu Gegenerde wie von Cambridge nach Colorado. Die Gesetze der Physik variieren von Welt zu Welt – wie im stringtheoretischen Multiversum. »Diese Welt, die Sie für ›die‹ Welt halten, wird untergehen und in die Hölle versinken«, schreibt Pynchon. Einmal erklärte er seinen Roman so: »Wenn das nicht die Welt ist, dann ist es, wie die Welt sein könnte, mit ein oder zwei kleinen Änderungen.« Im Gegensatz zu den Stringtheoretikern findet Pynchon allerdings, dass wir in eine besonders langweilige Welt geboren worden sind, und nicht in eine besonders spannende.

Im Roman *Ruhm* (2009) von Daniel Kehlmann blitzt der Gedanke vom Multiversum an einer einzigen Stelle kurz auf: »Er spürte ein elektrisches Prickeln, ihm war, als ob ein Doppelgänger von ihm, ein Vertreter seiner selbst in einem anderen Universum, gerade ein teures Restaurant aufsuchte und eine große schöne Frau traf, die aufmerksam seinen Worten folgte, die lachte, wenn er etwas Geistreiches sagte, und deren Hand hin und wieder, wie aus Versehen, die seine berührte.« Durch ein Fenster sich selbst in einer anderen Welt zu erblicken, das passiert uns normalerweise nur im Traum. Aber jetzt kommt die moderne Physik und ermuntert uns: Im Multiversum werden alle Träume wahr, und jeder geht täglich mit einer schönen neuen Bekanntschaft essen.

Es scheint, als seien die Naturwissenschaftler so ziemlich als Letzte darauf gekommen, dass unsere Welt kein Einzelstück ist. Science-Fiction-Fans wundern sich jedenfalls, wie das Multiversum den Wissenschaftlern so lange entgehen konnte. Seit Lewis Carroll seine Alice ins Wunderland reisen ließ, sind die Viele-Welten-Konzepte in Science-Fiction und Fantasy auf kaum zu überblickende Ausmaße angewachsen. Die Protagonisten sind routiniert im Reisen zwischen den Welten, schlagen dort ihre Schlachten, schaffen da neue Universen im Eigenbau, und wenn sie etwas brauchen und in ihrer eigenen Welt nicht finden, importieren sie es aus einer anderen. Der Großmeister unter den Multiversen-Autoren ist der Engländer Michael Moorcock. Seine Trilogie *Der ewige Held* spielt in einem riesigen Multiversum, das unzählige Erden in verschiedensten Größen und Altersstufen mit verschiedensten Vorgeschichten enthält. Der Titelheld ist perfekt angepasst an seinen Lebensraum, mit multipler Persönlichkeit in höheren Raumdimensionen.

Und jetzt kommen die Wissenschaftler und sagen, dass das keine bloßen Gedankenspiele sind. Dass diese anderen Welten wirklich existieren. So wirklich wie Mark Everetts Vollbart. Einige Zuschauer in New York kämpfen sichtlich mit dieser Vorstellung. »Das mag alles ja ganz plausibel sein«, sagt ein Mann, »aber ist das noch Wissenschaft? Ist es nicht eher Religion? Oder ist es nur ein Bauchgefühl?« – »Die Theorie von Marks Vater ist zunächst einmal eine Gleichung«, sagt Max Tegmark, »aus ihr folgt, dass mein Handy funktioniert und dass es Parallelwelten gibt. So ist das nun mal mit Theorien. Entweder man akzeptiert sie mit all ihren Konsequenzen – oder gar nicht. Dann sollte man eine andere Theorie zu bieten haben. Und eine bessere hat bisher niemand.«

Multi-, Pluri-, Toti- oder Megaversum?

Schon die Sprache sträubt sich dagegen, dass es mehr als ein Universum geben könnte. Im deutschen Wahrig-Wörterbuch bekommt der Begriff »Universum« keinen Plural, sondern nur die Abkürzung »unz.« für unzählbar. Wozu auch zählen? Universum, das ist das weite Weltall, wie könnte es mehrere davon geben? »Wir Menschen lieben den Vogel-Strauß-Trick«, sagt Max Tegmark, »wir stecken den Kopf in den Sand und tun so, als ob alles, was wir nicht sehen können, nicht existiert. Lange glaubten die Menschen, die Welt sei alles, was sie zu Fuß erreichen konnten. Dann erschraken sie darüber, wie groß die Erde ist.« Heute glauben manche Menschen, auch Kosmologen, die Welt sei alles, was man sehen kann, also eine gedachte Kugel mit der Erde im Zentrum und 45 Milliarden Lichtjahren Radius, diese Strecke hat das Licht seit dem Urknall zurückgelegt (die Ausdehnung des Raums mit einberechnet). Kann schon sein, dass die Welt hinter diesem Sichthorizont plötzlich aufhört. Aber die natürlichere Annahme ist, dass sie noch ein Stück so weitergeht. Für Weltbilder gilt nicht »je kleiner, desto besser«.

Die Zuhörer in New York beginnen sich vorsichtig über den Sichthorizont hinauszutasten. »Diese Paralleluniversen«, wundert sich eine Frau, »kann man da auch mit Geistern von Leuten kommunizieren, die schon gestorben sind?« – »Unsere Verstorbenen leben in anderen Universen weiter«, antwortet Michio Kaku, »aus ihrer Sicht wirkt unser Universum, in dem sie tot sind, völlig absurd. Sie halten ihr Universum für das richtige, unseres für das falsche.« Schweigen im Saal. Heißt das umgekehrt, dass wir, die wir hier am Leben sind, in anderen Universen schon gestorben sind? »Viele Leute haben Schwierigkeiten mit der Theorie meines Vaters, weil sie sagt, dass Unmengen fürchterlicher Dinge irgendwo geschehen«, sagt Mark Everett, »aber ich bin ein Optimist und denke an die wunderbaren Dinge, die auch geschehen.«

Wissenschaftler tun sich nicht leichter mit dem Multiversum als Laien, im Gegenteil. Lange war ihnen schon ein einziges Universum zu viel. »Dass mir ja keiner über das Universum redet!«, soll in den Dreißigerjahren der Nobelpreisträger Ernest Rutherford seine Mitarbeiter gewarnt haben. Kosmologie galt damals als ein Spielplatz für Philosophen. Als Naturwissenschaft wurde sie erst ernst genommen, nachdem Albert Einstein mit seiner Relativitätstheorie das Universum als Ganzes erfassen konnte. Aber ganz verhallt ist Rutherfords Warnung noch immer nicht. Viele Wissenschaftler glauben weiterhin, dass sich über das Universum zwar gut spekulieren, aber schlecht forschen lässt. Und von anderen Universen brauchen wir gar nicht erst anzufangen.

Bis vor einigen Jahren war die Kosmologie, die älteste aller Wissenschaften, eine ausgesprochen brave Disziplin. Ihr Weltbild war gründlich durchdacht: Das All begann mit einem großen Knall, dessen Wucht es noch heute und auf ewig auseinandertreibt. Sein gesamtes Inventar, auch der Mensch, ist das Produkt von winzigen Quantenzuckungen ganz am Anfang, als alle Materie noch in einen Atomkern passte. Die Kosmologen zupften ihr Konsensmodell zurecht wie ein englischer Gärtner seine Rosenbüsche. Sie justierten hier eine Konstante, fügten da ein paar Teilchen hinzu. Die Gelegenheiten zum Streiten wurden rar. Heute gibt es dafür umso mehr Diskussionsstoff. Eine wachsende Zahl von Kosmologen erkennt, dass die Eigenarten unseres Universums mit einem einzigen Universum nicht zu erklären sind. Es ist ähnlich wie mit Lebewesen: Wo eines ist, muss irgendwo in der Nähe noch eins sein. Universen gehen aus anderen Universen hervor, sie haben Geschwister und Nachkommen. Manche ihrer Eigenschaften sind zufällig, manche wesentlich.

Mit dem Multiversum wagt die Kosmologie sich wieder dorthin, wo sie bei den Vorsokratikern und den Renaissance-Denkern war. Sie verlässt den Boden des experimentell Überprüfbaren, wird spekulativ und kontrovers. Darf sie das? Nein, sagen ihre Kritiker, nicht wenn sie als Wissenschaft ernst genommen werden will. Warum nicht?, fragen dagegen ihre Verteidiger, ist unser Sichthorizont etwa auch unser Denkhorizont?

Die Wissenschaft nähert sich mit dem Multiversum der Grenze zur Phantasie, das zeigt schon die bewegte Geschichte des Wortes »Multiversum«. Passend zu seiner Bedeutung wurde es mehrmals erfunden. Erstmals gedruckt erschien es im Jahr 1895. Der amerikanische Psychologe William James schrieb damals in seinem Buch *The Will to Believe*: »Visible nature is all plasticity and indifference – a moral multiverse, as one might call it, not a moral universe« (etwa: *Die sichtbare Natur ist beliebig und gleichgültig – ein moralisches Multiversum, wenn man so will, kein moralisches Universum*). Aber James dachte nicht an eine Vielfalt von Welten, sondern an einen moralischen Pluralismus in einer einzigen Welt.

Seiner heutigen Bedeutung näherte sich das Wort »Multiversum« mit dem schottischen Hobby-Astronomen Andy Nimmo im Dezember 1960. Nimmo, damals Zweiter Vorsitzender des schottischen Zweigs der Britischen Interplanetarischen Gesellschaft, bereitete einen Vortrag über Hugh Everetts Theorie vor. »Ich brauchte einen Plural, wollte aber nicht ›Welten‹ sagen, weil das in unseren Kreisen Planeten bedeutet«, erinnert Nimmo sich, »also erfand ich das Wort ›Multiversum‹ und definierte es als ›ein scheinbares Universum, von denen eine Vielzahl das ganze Universum bildet‹.«

Nimmo verstand also Universum und Multiversum genau andersherum als wir heute. Man erzählt sich, das »Multiversum« sei irgendwann irgendwie in englische Science-Fiction-Kreise eingesickert, der Autor Michael Moorcock schnappte es auf, gab ihm seinen heutigen Sinn und brachte es in seinen Büchern unter die Leute. Zu Moorcocks Lesern gehörte in den Neunzigerjahren der Quantenphysiker David Deutsch von der Oxford University. Er verwendete den

Begriff fortan für Hugh Everetts Theorie – für das, was Nimmo »Universum« genannt hatte. Das Multiversum war in der Wissenschaft angekommen, und die Forscher füllten es mit Leben.

Aus verschiedensten Teilgebieten der Physik kamen nun die Multiversentheorien: aus der Quantentheorie, der Kosmologie, der Teilchenphysik und der Stringtheorie. Wo ein Physiker mit dem bisherigen Sprachgebrauch unzufrieden war, prägte er einen neuen Begriff. Der Stringtheoretiker Leonard Susskind spricht vom »Megaversum«, der Kosmologe Lawrence Krauss vom »Metaversum«, sein Fachkollege Don Page vom »Holokosmos«, manche Philosophen vom »Pluriversum«. Mit »Omniversum« meinen Quantenphysiker die Gesamtheit aller Weltenzweige (und Jazzfreunde eine amerikanische Bigband). »Ultraversum« ist der Name einer Comicserie aus den Neunzigerjahren, die Vokabel findet man neuerdings aber auch im Physikerjargon.

Das Multiversum – ein Computerspiel

So viele Konzepte von Multiversen sind inzwischen im Gespräch, dass selbst Experten den Überblick verlieren können. Max Tegmark hat etwas Ordnung in das Weltenwirrwarr gebracht: »Marks Vater hat die erste Sorte von Paralleluniversen entdeckt«, erklärte er in New York, »aber heute diskutieren Forscher mindestens drei weitere Sorten.« Tegmark stellt sich die Multiversen-Konzepte in vier Ebenen vor, vergleichbar mit den Schwierigkeitsstufen in einem Computerspiel (Level), geordnet nach aufsteigender Verrücktheit.

Auf dem **Level I** wandern wir durch das Multiversum für Anfänger, das wir in Kapitel 4 beschrieben haben: Das Weltall geht jenseits des Horizonts so weiter wie diesseits – bis ins Unendliche. Die Gesetze der Physik bleiben überall dieselben. Aber alles, was sie erlauben, geschieht auch wirklich. Da draußen existiert alles in allen erdenklichen Variationen: die Sonne, die Erde und die Menschen. Die Unendlichkeit machts möglich! Das ist die Weltenvielfalt, die auch antike Philosophen wie Demokrit und Lukrez lehrten und für die der Renaissance-Philosoph Giordano Bruno so viel Ärger mit der Kirche bekam, dass er auf dem Scheiterhaufen landete.

Auch die Universen auf **Level II** sind noch in einem zusammenhängenden Raum vereint. Man kann von der Erde aus mit dem Finger in ihre Richtung zeigen. Sie entstehen und vergehen wie Blasen in einem Schaumbad, es sind unzählig viele. Manche Universen enthalten Galaxien, andere sind leer, wieder andere platzen kurz nach ihrer Geburt. Aber jetzt variieren die Naturgesetze von Ort zu Ort. »Die Schüler auf Level II lernen nicht nur im Geschichtsunterricht andere Dinge als wir, sondern auch im Physikunterricht«, sagt Max Tegmark. Die Spielregeln dieses Levels finden wir in Kapitel 9.

Haben wir **Level III** erreicht, regiert dort die Theorie von Hugh Everett. Hier oben wird es zunehmend abstrakt. Die Welten liegen nicht mehr im physikalischen Raum nebeneinander, sondern in einem mathematischen »Konfigurationsraum«. Man kann sich das Level-III-Multiversum wie einen wachsenden Baum vorstellen: Die Weltverläufe verzweigen sich immer weiter. Verschiedene Zweige beeinflussen sich gegenseitig nach den Regeln der Quantenmechanik, bevor sie ganz auseinanderwachsen (Einzelheiten in Kapitel 10).

Level IV ist etwas für den harten Kern der Multiversen-Fans. Kein Naturgesetz ist mehr fest, eine übergreifende physikalische Theorie gibt es nicht. Alles, was nur logisch widerspruchsfrei ist, existiert wirklich (mehr dazu in Kapitel 12). Manche Universen bestehen aus einer sprechenden

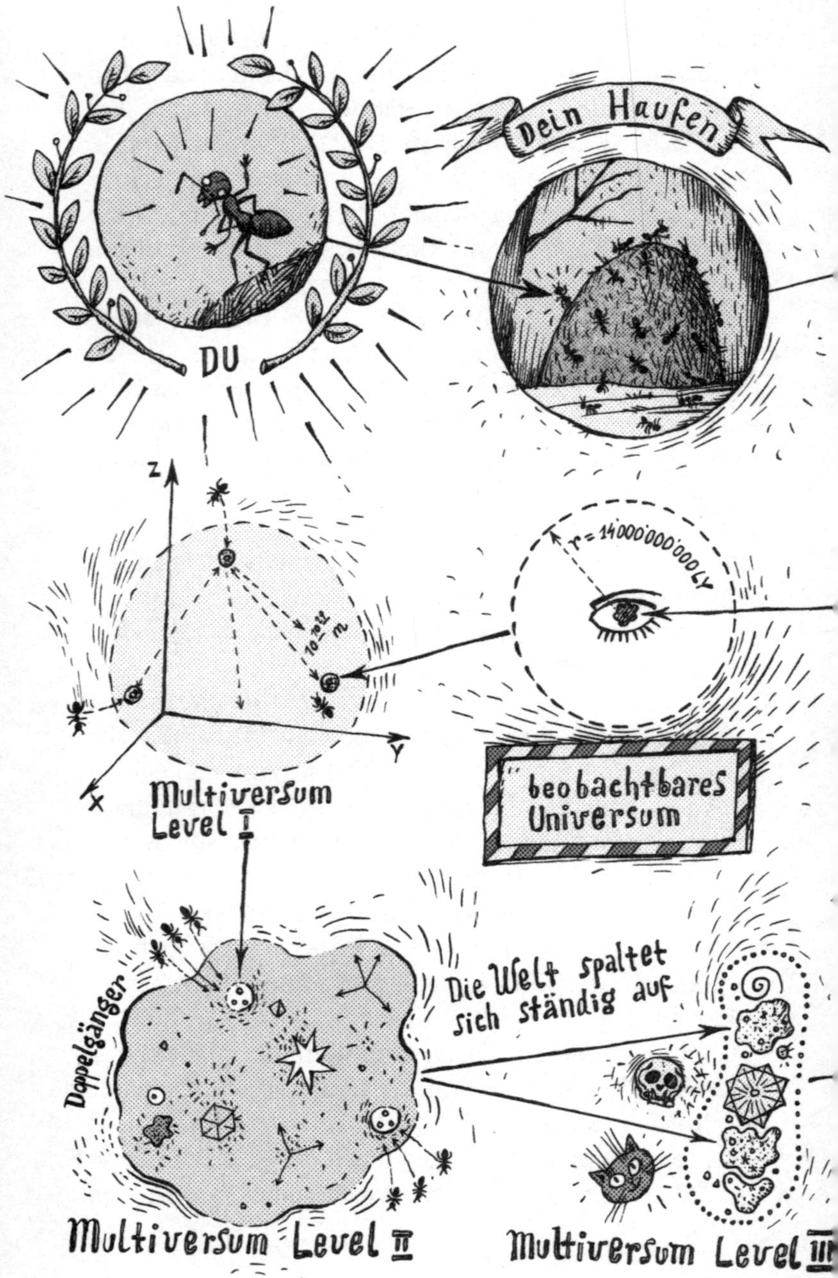
DU
Dein Haufen
r = 14'000'000'000 LY
Z
Y
X
$10^{10^{29}}$ m
beobachtbares Universum
Multiversum Level I
Doppelgänger
Die Welt spaltet sich ständig auf
Multiversum Level II
Multiversum Level III

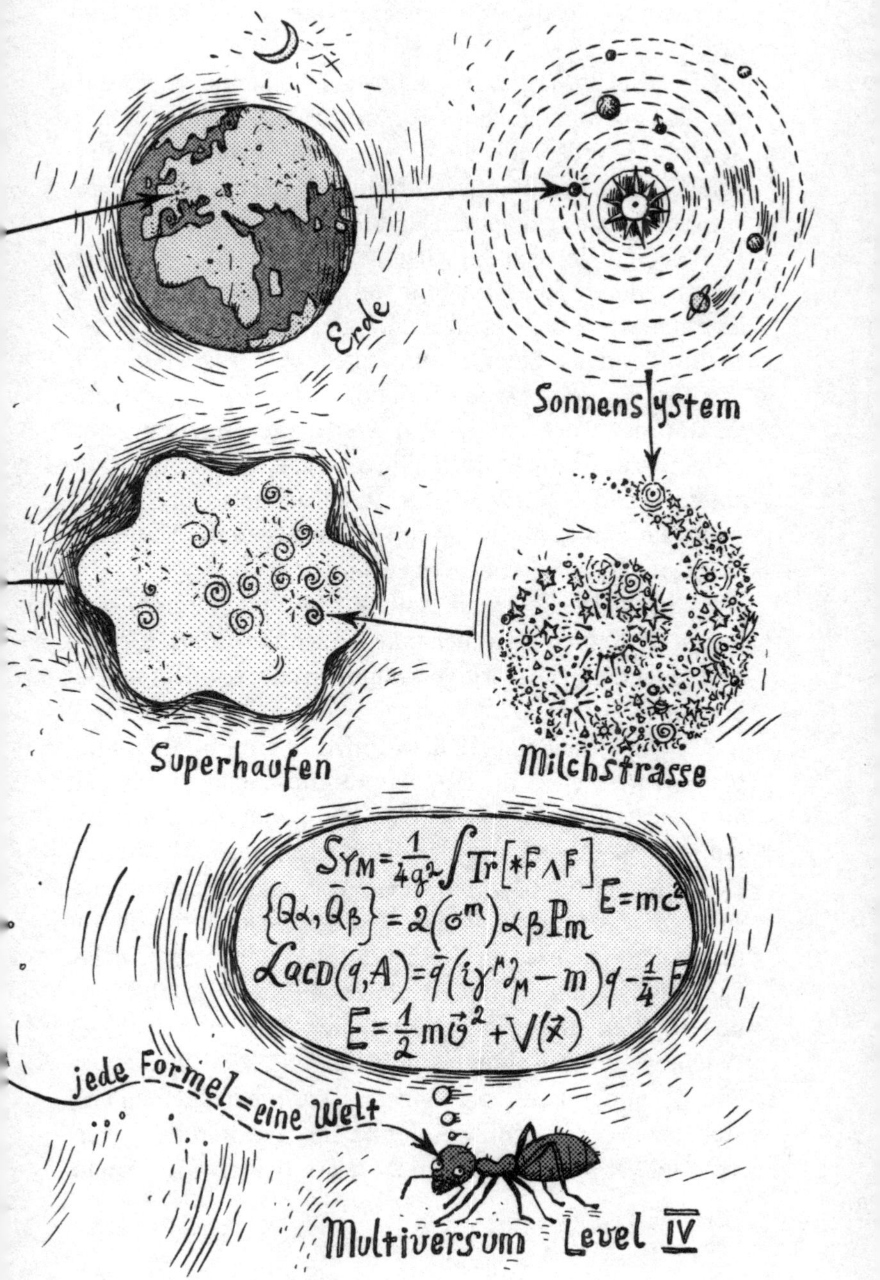
Erde
Sonnensystem
Milchstrasse
Superhaufen
$S_{YM} = \frac{1}{4g^2}\int Tr[*F \wedge F]$
$E=mc^2$
$\{Q_\alpha, \bar{Q}_\beta\} = 2(\sigma^m)_{\alpha\beta} P_m$
$\mathcal{L}_{QCD}(q,A) = \bar{q}(i\gamma^\mu \partial_\mu - m)q - \frac{1}{4}F$
$E = \frac{1}{2}m\vec{v}^2 + V(\vec{x})$
jede Formel = eine Welt
Multiversum Level IV

Currywurst und der Zahl sieben. Mehr Multiversum geht nicht.

Die Level in Tegmarks Multiversengebäude bauen tatsächlich aufeinander auf. Die Multiversen der unteren Ebenen sind jeweils Teilwelten der oberen Ebenen. Zum Beispiel ist das Blasenmultiversum aus Level II nur ein einziger Weltenzweig auf Level III. Es könnte also sein, dass das Multiversum in sich verschachtelt ist wie eine russische Matroschka-Puppe: Welten in Welten in Welten. Allerdings ist offen, wie viele Verschachtelungen es gibt. »Das Level-I-Multiversum ist ziemlich unkontrovers«, sagt Tegmark. Das Szenario der ewigen Inflation (Level II) und Everetts Version der Quantenphysik (Level III) gewinnen zwar an Anhängern, sind aber noch längst nicht etabliert unter Physikern – und Level IV wird es wohl niemals sein. »Es ist nicht die Frage, ob das Multiversum existiert«, sagt Tegmark, »sondern wie viele Ebenen es hat.«

Vielleicht ist die Angelegenheit sogar noch komplizierter. Denn Tegmark hat nicht alle derzeit diskutierten Theorien in seinem vierstöckigen Multiversengebäude untergebracht.

Wer sagt zum Beispiel, dass Universen nur im Raum nebeneinanderliegen dürfen? Sie könnten auch in der Zeit aufeinanderfolgen. Solche Theorien haben der Amerikaner Paul Steinhardt von der Princeton University und der Deutsche Martin Bojowald von der Pennsylvania State University entworfen, beide auf der Suche nach einer allumfassenden Theorie der Naturkräfte. Es sind fremdartige Szenarien, in denen die Zeit plötzlich rückwärts läuft oder unsere Welt alle paar Jahrbillionen mit so gewaltiger Wucht gegen eine andere knallt, dass sie Totalschaden erleidet, um dann aus ihren eigenen Trümmern neu zu entstehen wie der Phoenix aus der Asche – ein ständiges Werden und Vergehen von Welten. Sie erscheinen wie formale

Versionen der hinduistischen Lehre der ewigen Wiederkehr oder wie kabbalistische Deutungen der alttestamentarischen Schöpfungsgeschichte.

Oder entstehen neue Universen gleich in unserer Nähe, aber unsichtbar für uns, im Inneren Schwarzer Löcher? Das vermutet der amerikanische Teilchenphysiker James Bjorken. Vielleicht, so spekuliert er, ist unser Heimatuniversum aus einem Schwarzen Loch in einem anderen Universum hervorgegangen? Eine ähnliche Theorie vertritt Lee Smolin vom Perimeter Institute in Kanada. In seinem Multiversum erben die Tochteruniversen die physikalischen Gesetze ihrer Mutteruniversen, allerdings mit kleinen Mutationen. Auf lange Sicht entwickeln sich die Universen in feinster Darwin'scher Evolution: Fortpflanzungsfreudige Universen, also solche, in denen viele Schwarze Löcher entstehen, setzen sich gegen weniger fruchtbare Universen durch. In der Physikergemeinde haben Theorien wie die von Steinhardt und Smolin Außenseiterstatus, sie werden längst nicht so ausgiebig diskutiert wie die Inflationstheorie und die Quantentheorie à la Everett. Doch auch sie passen in die große Zusammenkunft der Multiversen, die sich derzeit in der Wissenschaft vollzieht. Welche Sorten von Welten in der Diskussion bestehen werden, muss sich noch zeigen. Aber ganz wegzudiskutieren ist das Multiversum wohl nicht mehr.

An jenem Abend in New York entspannt sich die Atmosphäre im Lauf der Diskussion. Die Zuschauer finden Gefallen an der Idee Vieler Welten. Einer von ihnen hat noch eine Frage an Mark Everett: »In einem Paralleluniversum haben Sie einen liebevollen Vater, sind Wissenschaftler statt Musiker geworden und erklären uns jetzt das Multiversum. Wäre das nicht Ihre wahre Berufung?« – »Wow«, antwortet Everett, »es wäre großartig, als Physikgenie geboren zu sein. Aber wie ich höre, sind die Groupies nicht so toll.«

8 Das Leben der anderen

Das Ereignis trug sich im Februar 1969 in Cambridge nördlich von Boston zu. Ich saß zurückgelehnt auf einer Bank am Charles River. Plötzlich kam es mir so vor, als hätte ich diesen Augenblick schon einmal durchlebt. Am anderen Ende der Bank hatte jemand Platz genommen. Ich wäre lieber allein gewesen, aber ich wollte nicht aufstehen, um nicht unhöflich zu erscheinen. Der andere hatte angefangen zu pfeifen. In diesem Augenblick verspürte ich die erste der vielen Beklemmungen dieses Vormittags. Was er pfiff, was er zu pfeifen versuchte (ich war nie sehr musikalisch), war die kreolische Tanzweise La tapera von Elías Regules. Die Weise versetzte mich in einen Patio zurück, der verschwunden ist, und sie erinnerte mich an Alvaro Melián Lafinur, der vor so vielen Jahren gestorben ist. Dann kamen die Worte. Die Stimme war nicht die von Alvaro, wollte dieser aber ähnlich klingen. Ich erkannte sie mit Schrecken.

Jorge Luis Borges, Der Andere, 1975

Stellen Sie sich vor, Sie bekommen einen neuen Fernsehanschluss. Unendlich viele Kanäle hat der Verkäufer versprochen. Sie schließen den Receiver an und zappen begeistert durch die scheinbar unerschöpfliche Programmvielfalt, bis Sie nach einer Weile enttäuscht feststellen: Es gibt lauter Wiederholungen. Hat man Sie übers Ohr gehauen? Nein – es geht gar nicht anders! Ihr Bildschirm hat nämlich nur endlich viele Bildpunkte, sogenannte Pixel. Deshalb gibt es zwar unvorstellbar viele, aber eben nicht unendlich viele Möglichkeiten, diese Pixel zu einem Bild zusammenzusetzen, und diese Bilder dann zu einem Film. Irgendwann ist jede erdenkliche Sendung bis zu einer gewissen Länge ausgestrahlt. Was dann läuft, ist schon mal gelaufen und wird noch unzählige Male laufen. Unendlich viele Programme sind zu viel für einen endlichen Fernseher.

So ähnlich ist es im Multiversum. Unser Heimatuniversum ist riesig, aber endlich. Hinter dem Horizont gibt es weitere Universen, hinter ihnen noch mehr und noch mehr. Und im Prinzip funktionieren Universen wie Fernsehsendungen. Raum, Zeit, Energie und Materie sind atomisiert – gepixelt. Wenn das Multiversum also aus unendlich vielen dieser endlichen Parallelwelten besteht, sind Wiederholungen unvermeidlich. Wie im Fernsehen, mit einem wichtigen Unterschied: Vor dem Fernseher sind Sie bloß Zuschauer. In der wirklichen Welt sind Sie Teil der Handlung und damit Teil der Wiederholung. Auch Sie selbst sind schon mal dagewesen und haben alles, was Sie tun, schon mal getan. So oder so ähnlich.

Denn in den Weiten des Multiversums existieren Welten, die unserer bis aufs letzte Atom gleichen, mit exakten Kopien unserer Milchstraße, unseres Sonnensystems, unserer Erde und jedes Menschen. In manchen Universen imitieren Ihre Doppelgänger jede Ihrer Bewegungen bis ins Detail. Andere Universen weichen ab: Ihr Doppelgänger steht auf, wenn Sie sitzen bleiben. Oder fällt vom Stuhl.

Im Multiversum nimmt jede erdenkliche Geschichte ihren Lauf. Je nach Sichtweise ist das Multiversum die spannendste oder die langweiligste aller Welten. Einerseits hat es alles zu bieten, was nur passieren kann. Andererseits bietet es nichts Neues, nur das Leben als Endlosschleife. Die Macher des Kinofilms *Lola rennt* haben wohl nicht an Kosmologie gedacht, als sie ihr Drehbuch schrieben. Aber eigentlich haben sie einen Film über das Multiversum gedreht. Sie erzählen drei mögliche Schicksale einer jungen Frau: drei Mal die gleichen 20 Minuten ihres Lebens, die wegen eines kurzen Remplers im Treppenhaus allerdings jeweils einen ganz anderen Verlauf nehmen. Der Film erzählt die Geschichten hintereinander, in der ersten Variante wird Lola am Ende erschossen, in der nächsten von einem Krankenwagen überfahren, in der dritten gibt es ein Happy End. Im Multiversum sind alle Geschichten gleich real, nur ist für jede eine eigene Welt reserviert.

Alles schon mal dagewesen, alles schon mal getan: Diese Vorstellung taucht selbst immer wieder neu auf in der Kulturgeschichte, sei es im Drehbuch oder Roman, als Mythos oder Fabel, in Religion oder Philosophie.

Im 19. Jahrhundert dachte sich Friedrich Nietzsche den Kosmos als ewige Wiederkehr. Der große deutsche Querdenker hatte sich tief in die Naturwissenschaft seiner Zeit eingelesen, aber die Idee eines zyklischen Kosmos kam ihm eher als Erleuchtung denn als Erkenntnis, und zwar zu einer Mittagsstunde im August 1881 in der Einsamkeit eines Schweizer Bergwalds, »sechstausend Fuß jenseits von Mensch und Zeit«, wie er sich später mit dem Nietzsche-typischen Pathos erinnern sollte. Da überfiel es ihn: »Unsterblich ist der Augenblick, wo ich die Wiederkunft zeugte. Um dieses Augenblicks willen ertrage ich die Wiederkunft.«

Fortan glaubte Nietzsche, dass der Kosmos zyklisch die immer gleiche Geschichte durchläuft, weil er nur endlich viele Zustände hat. Er dachte sich den Kosmos getrieben von einer »Allkraft«, deren mögliche Zustände und Entwicklungen »bestimmt und endlich« sind – so wie die möglichen Fernsehprogramme auf dem begrenzten Bildschirm in unserem Wohnzimmer. Und weil die Zeit unendlich ist, wiederholt sich irgendwann alles. Was immer wir tun, haben wir schon unzählige Male getan und werden es immer wieder tun. Wir handeln für die Ewigkeit. Umso wichtiger sei es, richtig zu handeln, mahnte Nietzsche.

In der Phantasie von Science-Fiction-Autoren nahm die Vorstellung von Doppelgänger-Welten konkrete Gestalt an. Und manchmal wurde sie dabei zum Albtraum. In seiner Geschichte *All the Myriad Ways* beschreibt der Amerikaner Larry Niven, wie die Erkenntnis, dass alles Mögliche wirklich passiert, die Menschheit ins moralische Chaos stürzt. Wozu noch anständig sein, wenn mein Doppelgänger nebenan sich danebenbenimmt? Niven malt aus, wie die Menschen zu rauben und zu morden beginnen. Nietzsches Botschaft hat sie offenbar nie erreicht.

Der Kosmos als Kopiergerät

Die Phantasie braucht weder mathematische Formeln noch Teleskope, um sich zu entfalten. Kein Wunder also, dass die Vielen Welten gedacht wurden, lange bevor Naturwissenschaftler sie ernst nahmen. Seit einigen Jahren lässt sich in der Physik, Unterabteilung Kosmologie, eine erstaunliche Entwicklung feststellen: Die Theorien seriöser Wissenschaftler über den Kosmos lesen sich plötzlich noch unglaublicher als die Drehbücher aus Hollywood oder die Romane von Niven und anderen Science-Fiction-Autoren.

Wer zum Beispiel die Begegnung der beiden Exilrussen Alexander Vilenkin und Andrei Linde im Herbst 2007 miterlebte, dem konnten schon Zweifel kommen, ob er wirklich zwei der bedeutendsten Kosmologen unserer Zeit vor sich hat. Ort der Begegnung: die Würzburger Zehntscheune. Im Mittelalter lieferten die Bauern hier ihre Naturalien-Steuern ab, heute dient die Scheune als Tagungshaus. Zwei Dutzend Wissenschaftler aus aller Welt haben sich eingefunden, um über den Beginn des Universums zu diskutieren. In der Pause fachsimpeln sie über Dunkle Materie und Dunkle Energie, über Naturkonstanten und Quantenfluktuationen. Vilenkin und Linde sitzen an einem rustikalen Holztisch und trinken Orangensaft.

Alexander Vilenkin: Die Unterhaltung, die wir gerade führen, passiert genau so mit den gleichen Leuten unendliche male in anderen Universen.

Max Rauner: Sie scherzen.

Vilenkin: Jede mögliche Geschichte findet auch irgendwo statt. Es gibt Kopien von uns Menschen.

Rauner: Doppelgänger-Universen mit jedem Atom am selben Ort wie in unserem?

Vilenkin: Exakte Kopien unserer Welt. Natürlich gibt es noch viel mehr Regionen, wo ganz andere Dinge passieren.

Rauner: Wo meine Lieblingsmannschaft in der Bundesliga nicht verliert, sondern gewinnt?

Vilenkin: Korrekt.

Andrei Linde: Wo dieses Gespräch niemals gedruckt wird.

Rauner: Welchen Sinn hat das Leben in so einer Welt?

Linde: Man lebt sein eigenes Leben, auch wenn die Kopien dasselbe tun. Warum soll man sich Sorgen machen?

Vilenkin: Ehrlich gesagt, ich finde es deprimierend. Am meisten deprimiert mich der Verlust der Einzigartigkeit. Egal ob unsere Zivilisation nun gut oder schlecht ist, ich dachte immer, wir wären etwas Besonderes, bewahrenswert wie ein Kunststück. Nun sieht es aber so aus, als wären da unendlich viele andere Kunststücke.

Linde: Alexander, es gäbe zwar einige Orte, wo Kandinski seine wunderschönen Bilder nicht malen würde, aber es gäbe auch viele, wo er sie malen würde. Das macht mir Hoffnung.

Vilenkin: Einige Menschen mögen die Idee des Multiversums, weil es dann Welten gibt, die besser sind als unsere. Die Reaktionen sind sehr unterschiedlich.

Rauner: Bekommen Sie böse Briefe?

Vilenkin: Nein, ich bekomme Vorschläge, Buddhismus zu praktizieren.

Nach den üblichen Kriterien, Wissenschaft zu bewerten, sind Vilenkin und Linde aber keine Spinner. Sie publizieren in angesehenen Fachzeitschriften, sie lehren und forschen an Universitäten, sie halten Vorträge auf großen Konferenzen. Und sie sind nicht allein.

»Alles in unserem Universum – einschließlich Ihnen und mir, jedes Atom und jede Galaxie – hat ein Pendant in anderen Universen«, glaubt David Deutsch, ein kauzig-genialer Physiker von der Universität Oxford, der durch seine Theorie eines Quantencomputers berühmt wurde. Max Tegmark behauptet: »In einem unendlich großen Universum muss man nur weit genug gehen, und dann wird man eine zweite Erde mit einer Kopie von Ihnen finden.« Selbst Sir Martin Rees nimmt das Szenario ernst. »In einem unendlichen Ensemble von Universen wäre das Vorhandensein einiger weniger, besonders ausgezeichneter Universen mit den besonderen Voraussetzungen zur Entstehung von Leben kaum überraschend«, schreibt er in seinem Buch *Das Rätsel des Universums*.

Schon 1975 hatte der russische Physiker und Rüstungsgegner Andrej Sacharow in seiner Friedensnobelpreisrede ein Universum beschrieben, das an Nietzsches zyklischen Kosmos erinnert. Da Sacharow von den Sowjets die Ausreise verweigert worden war, nahm seine Frau Jelena Bonner den Nobelpreis stellvertretend entgegen. Ihr hatte der Staat im Sommer 1975 die Ausreise gestattet, um sich in Italien einer Augenoperation zu unterziehen. Sie blieb einige Monate im Westen und reiste Ende des Jahres nach Norwegen. Am 11. Dezember verlas sie in der Aula der Universität Oslo die Rede ihres Mannes. Es ging darin um Frieden und Menschenrechte, um Abrüstung und den Kalten Krieg. Einige Passagen wurden am folgenden Tag von Zeitungen in aller Welt zitiert. Den Schluss der Rede kürzten zwar die Redaktionen. Aber er hat den Kalten Krieg überdauert:

> *Im unendlichen Raum muss es viele Zivilisationen geben, darunter solche, die vernünftiger und ›erfolgreicher‹ sind als unsere. Ich bin ein Anhänger der kosmologischen Hypothese, dass sich die Entwicklung des Universums in seinen Grundzügen unendlich oft wiederholt. Demnach müssten andere Zivilisationen einschließlich der ›erfolgreicheren‹ unendlich oft auf den ›vorangehenden‹ und ›nachfolgenden‹ Seiten im Buch des Universums existieren. Das sollte jedoch unsere Bemühungen in unserer eigenen Welt nicht relativieren, in der wir für einen Augenblick aus dem Nichts*

der dunklen Unbewusstheit aufgetaucht sind wie schwach schimmernde Lichtpunkte in der Dunkelheit. Wir sollten unseren Verstand gebrauchen – für ein Leben, das uns gerecht wird, und für die Ziele, die wir nur leise erahnen können.

Sacharow hat mit diesem Bekenntnis nicht nur das Bild des Multiversums vorweggenommen (in seinem Modell existieren die Zivilisationen zeitlich hintereinander, nicht in Parallelwelten). Er hat auch gleich eine Ethik für das Leben im Multiversum formuliert.

Eines blieb Sacharow den Zuhörern schuldig: den Beweis für die Existenz anderer Zivilisationen. Aber das schien damals niemanden zu stören. Kosmologie war in den Siebzigerjahren mehr eine philosophische Angelegenheit, eher Gefühl als Wissenschaft, es mangelte an Beobachtungsdaten. Zwar umrundeten bereits die amerikanischen VELA-Satelliten die Erde in 100 000 Kilometern Höhe und fahndeten nach Gammastrahlen von heimlichen Atombombentests. Dabei registrierten sie auch Gammablitze aus dem All, ausgesandt von Sternexplosionen in fernen Galaxien. Doch die Daten blieben geheim. Auch die Theorie von der Entstehung des Kosmos war vor 30 Jahren noch nicht sehr weit gediehen. Es gab die Urknalltheorie, doch die hatte noch Schwächen.

Heute fliegen Dutzende Forschungssatelliten um die Erde, die das Weltall auf allen Frequenzen überwachen. Das Hubble-Teleskop liefert Bilder vom Rand des Universums, von Galaxien also, die ihr Licht kurz nach dem Urknall ausgesandt haben, und der Planck-Satellit vermisst die Mikrowellenstrahlung, die den gesamten Kosmos erfüllt und aus allen Richtungen auf die Erde trifft, das Echo des Urknalls. Die Kosmologie ist eine Präzisionswissenschaft geworden, ihre Theorien lassen sich anhand von Beobachtungen nachprüfen.

Auch die Theoretiker waren nicht untätig. Sie erweiterten das Urknallmodell um die Inflationstheorie, derzufolge sich das Universum kurz nach dem Urknall explosionsartig aufblähte. Theorie und Beobachtung fügen sich heute zu einem erstaunlich konsistenten Bild. »Als ich ein Student war, diskutierten wir darüber, ob das Universum 10 oder 20 Milliarden Jahre alt ist«, erinnert sich Max Tegmark, »heute geht es darum, ob das Universum 13,7 oder 13,8 Milliarden Jahre alt ist.« Und dabei liegt Tegmarks Studium noch gar nicht lange zurück: Er ist Jahrgang 1967.

Wir wissen über die Geschichte und die Struktur des Universums also mehr als je zuvor. Doch von Doppelgängern fehlt bislang jede Spur. Warum hören wir nichts von unseren Klonen? Warum sehen wir sie nicht mit dem Hubble-Teleskop oder empfangen ihre Signale mit den Radioteleskopen? Und warum sind gestandene Professoren dennoch so felsenfest von deren Existenz überzeugt?

Mit Affen rechnen

Wissenschaftler, die an Doppelgänger glauben, argumentieren meist mit zwei Theorien: Wahrscheinlichkeitstheorie und Quantenphysik. Das Multiversum, so das Argument aus der Wahrscheinlichkeitstheorie, ist so gewaltig, dass alles, was eine Wahrscheinlichkeit größer null hat, irgendwo passieren muss – also auch die Geburt unserer Doppelgänger. Es ist wie mit dem unsterblichen Affen, der wahllos in die Tasten einer Schreibmaschine haut, dem berühmten Gedankenexperiment, das Schriftsteller, Philosophen und Mathematiker seit Jahrhunderten in unterschiedlichen Varianten erzählen. Eine beliebte Version, angelehnt an ein Szenario des französischen Mathematikers Émile Borel von 1909, geht so: Hätte der Affe unendlich viel Zeit und würde er die Buchstaben einer Schreibmaschine rein zufällig anschlagen, so würde er nicht nur Abermilliarden Zeilen unverständlichen Buchstabensalat hervorbringen, sondern eines Tages mit ziemlicher Sicherheit auch Shakespeares *Hamlet* – ohne einen einzigen Tippfehler.

Auch *Harry Potter*, *Faust I* und *II*, *Perry Rhodan*, die Bibel und den Koran sowie den Fermat'schen Beweis würde der Affe irgendwann zufällig in die Tasten hauen, ebenso wie den Rest der Weltliteratur sowie alle Dieter-Bohlen-Biografien, Doktorarbeiten und Kochbücher, die von Menschen erst noch geschrieben werden müssen. All das ist sehr unwahrscheinlich, und der Affe müsste viel länger an der Schreibmaschine sitzen als die 14 Milliarden Jahre, die das Universum heute alt ist. Schon die Wahrscheinlichkeit, dass er die ersten zwanzig Buchstaben von *Hamlet* tippt, ist so gering wie die Wahrscheinlichkeit, dass jemand in vier Lottoziehungen hintereinander den Jackpot knackt. Die Wahrscheinlichkeit für den gesamten Affen-*Hamlet* ist noch unvorstellbar viel kleiner, aber eben nicht null, und daher wird er irgendwann geschrieben, denn der Affe hat ja ewig Zeit. Mit diesem Gedankenexperiment haben die Gelehrten versucht, sich die Macht der Unendlichkeit vor Augen zu führen. Mathematiker haben es als *Infinite Monkey Theorem* in die Lehrbücher aufgenommen.

Echte Affen sind für das Experiment allerdings nicht geeignet. Britische Kunststudenten lieferten den Beweis, als sie sechs Makaken im Zoo von Devon einen Monat lang eine Computertastatur ins Gehege stellten. Am Ende hatten die Affen fünf Seiten Literatur produziert, die im Wesentlichen aus dem Buchstaben S bestand. Das Alphatier hatte die Tastatur außerdem mit einem Stein traktiert, der Rest der Horde hemmungslos auf das Gerät uriniert.

Aber es geht im Infinite Monkey Theorem ja nicht um die Affen, sondern ums Prinzip, und dieses Prinzip besagt:

Jede (endliche) Buchstabensequenz kommt in einer unendlichen Zufallsfolge von Buchstaben tatsächlich vor. Was mit »odixc z wnxclfdghasl pqqmybn« beginnen kann, endet irgendwann mit »Sein oder Nichtsein«. Angewandt auf die Kosmologie folgt aus dem Affen-Theorem: Ein Ereignis mit noch so kleiner Wahrscheinlichkeit tritt in einer unendlichen Welt tatsächlich ein.

Warum bringt diese Welt Zwillingsuniversen hervor? Könnten im unendlich großen Multiversum nicht auch unendlich viele unterschiedliche Subuniversen existieren, jedes anders, ohne Wiederholung? Nein, sagen Kosmologen wie Alexander Vilenkin, dies verhindert die Quantenphysik. In jedem Ausschnitt des unendlichen Raums gibt es nur eine endliche Menge Elementarteilchen wie Elektronen und Quarks (aus denen die Atome bestehen). Und der Quantenphysik zufolge gibt es nur eine endliche Anzahl von Möglichkeiten, die Elementarteilchen im Raum anzuordnen. Jedes Subuniversum gleicht demnach einem Schachbrett: Die Elementarteilchen dürfen nur die Felder besetzen, nicht die Linien dazwischen. Würden wir unser Universum Elektron für Elektron, Quark für Quark, Atom für Atom woanders im Multiversum nachbauen, hätten wir also nur eine begrenzte Anzahl von Möglichkeiten, die Atome anzuordnen.

Damit ist das Kopiergerät für Universen fertig. Zwar baut kein höheres Wesen unser Universum anderswo Atom für Atom nach. Aber das braucht es auch nicht. Diese Aufgabe übernehmen der Zufall und die Unendlichkeit. Der Zufall verteilt die Materie nach dem Urknall im Raum. Die Unendlichkeit sorgt für die Wiederholungen: Demnach ist es nur eine Frage der Entfernung, bis man aus statistischen Gründen auf gedachte Sphären im Multiversum trifft, die so aussehen wie unsere, inklusive Doppelgänger der Erde und des Menschen. Man muss in Gedanken nur weit genug reisen. So wie der Affe nur lange genug tippen muss, um eines Tages die fünf Akte des *Hamlet* hervorzubringen. So wie man nur lange genug zappen muss, um in unendlich vielen Fernsehkanälen auf eine Wiederholung zu stoßen.

Denken alle Klone dasselbe?

Finden wir uns für einen Moment damit ab: Es gibt Zwillingsuniversen, in denen physikalische Doppelgänger von uns leben. Manchen passieren ganz andere Dinge als uns, manchen haargenau die gleichen. Aber denken, glauben und empfinden sie genauso wie wir, nur weil sie bis aufs letzte Atom gleich gebaut sind – somit also auch die gleichen Gehirnzustände haben? Hartgesottene Naturwissenschaftler neigen zu der Annahme, dass Bewusstsein nichts als ein Muster von Neuronenaktivität ist. Aber vielleicht machen sie es sich damit zu einfach.

Haben zwei physikalisch identische Wesen wirklich immer das gleiche Bewusstsein? Kann man das Bewusstsein eines Menschen überhaupt mit dem eines anderen vergleichen? Versuchen wir es. Nennen wir unser Universum kurz U und kopieren es im Geiste. Die Kopie namens V ist ein physikalisch exaktes Duplikat von U. Das heißt, in V kreist eine Zwillingserde um eine Zwillingssonne, auf ihr sitzt gerade ein perfekter Doppelgänger von Ihnen über einem Buch, das diesem bis auf den letzten Tupfer Druckerschwärze gleicht. In beiden Universen gelten dieselben Naturgesetze, daher entwickeln sie sich exakt synchron. Wenn Sie jetzt versonnen von Ihrem Buch aufschauen, dann hebt auch Ihr Doppelgänger den Kopf. Wenn Sie morgen ins Kino gehen, sieht er genau den gleichen Film.

Aber erlebt er all das genau wie Sie? Philosophen würden fragen: Hat er die gleichen subjektiven Erlebnisgehalte – im Fachjargon: *Qualia* – wie Sie? Die Antwort ist hochumstritten.

Reduktionisten wie Daniel Dennett von der Tufts University glauben, dass es gar nichts zu vergleichen gibt: Wir haben keine subjektiven Zustände, nur materielle. Sie und Ihr Doppelgänger in V wären also wirklich ununterscheidbar. Die gegenteilige Ansicht vertritt der Philosoph David Chalmers. Der Australier glaubt, dass das subjektive Erleben eines Menschen nicht auf seinen materiellen Zustand reduzierbar ist. Im Extremfall würde Ihre Kopie im Kino überhaupt nichts erleben, während Sie mitfiebern. Wenn Sie etwas schmecken oder fühlen, tut Ihre Kopie nur so. Sie spukt durch ihre Welt wie ein Zombie, eine tote Maschine aus Fleisch und Blut. Chalmers glaubt also an eine Seele jenseits der Moleküle, Philosophen reden von *Dualismus*. Nur: Woher haben wir unsere Seele, und warum fehlt sie dem Zombie? Das kann auch Chalmers nicht sagen. Vielleicht haben Sie einfach das richtige Universum erwischt. Der Zombie wird sein Pech nie bemerken.

Einen Kompromiss zwischen diesen Extrempositionen suchte der 2003 verstorbene amerikanische Philosoph Donald Davidson. Er war kein Dualist wie Chalmers, sondern Monist wie Dennett: Alles ist Materie. Und dennoch war er überzeugt, dass zwei Menschen in exakt dem gleichen physikalischen Zustand verschieden sein können. Und auch er hat sich einen Doppelgänger für sich ausgedacht, nur spielt sein Gedankenexperiment nicht in einem fernen Universum, sondern auf der Erde. Es beginnt mit einem unglaublichen Zufall: Über einem Sumpf tobt ein Gewitter. Ein Blitz formt aus den Molekülen des Sumpfs einen Körper, der Davidson bis ins letzte physikalische Detail gleicht – der doppelte Davidson. Käme die Kopie aus dem Sumpf in Davidsons Alltagswelt spaziert, dann würde sie exakt wie das Original handeln. Aber ist sie der gleiche Mensch?

Davidson (das Original) bestreitet es. Er weigert sich sogar, seinen plötzlich materialisierten Doppelgänger als Menschen zu betrachten, sagt »es« statt »er«. Zwar gesteht Davidson dem Gehirn des Sumpfmanns die subjektiv gleichen Bewusstseinszustände zu wie seinem eigenen. Aber diese Zustände haben verschiedene Ursachen. Wenn der Sumpfmann zum Beispiel so tut, als würde er einen Freund des Originals wiedererkennen, dann trügen ihn seine Erinnerungen. Der Blitz hat sie verursacht, nicht jener Freund. Der Sumpfmann kann sich nicht an jemanden erinnern, dem er noch nie begegnet ist. Seinen Gedanken und Gefühlen, wenn er denn welche hat, fehlt der Bezug. Er glaubt zwar, sich zu erinnern, aber seine Erinnerungen sind falsch. Für Davidson war das Bewusstsein doch mehr als bloß Hirnphysiologie.

Unsere Doppelgänger in anderen Welten sind keine Sumpfmänner. Sie haben eine Vergangenheit, ihre Gedanken und Erinnerungen sind echt. Aber sie erinnern sich an andere Dinge als wir, an Duplikate unserer Welt. Unser Leben spielt auf unserer Erde, ihres in ihrer. Niemand lebt auf allen Erden gleichzeitig. Wir müssen nicht um unsere Identität bangen im Multiversum.

Wo leben unsere Zwillinge?

Doppelgänger haben in jedem der unterschiedlichen Multiversums-Modelle ihren Platz. Dass in den vielen Welten der Quantenphysik (dem Level-III-Multiversum, mehr dazu in Kapitel 10) Doppelgänger leben, ist offensichtlich, schließlich verzweigt sich die Welt dieser Theorie zufolge unaufhörlich in Parallelwelten. Das hoch abstrakte Level-IV-Multiversum des Kosmologen Max Tegmark (Details in Kapitel 12) ist ebenfalls von Doppelgängern bevölkert, zumal es die vielen Welten der Quantenphysik als eine Art Untergruppe enthält. Aber auch die beiden einfacheren und derzeit populärsten Multiversum-Theorien scheinen die Existenz von Klonen nahezulegen.

Das Schaumbad-Universum von Alexander Vilenkin und Andrei Linde (Level-II-Multiversum, Kapitel 9) besteht aus unendlich vielen Blasen, jede Blase ein eigenes Universum, das in einem eigenen Urknall geboren wurde. Die Blasen sehen sich nur am Anfang sehr ähnlich: Im Urknall jeder Blase sind alle Naturkräfte – darunter die Gravitation und die elektromagnetische Kraft – in einer einzigen Urkraft vereint. Doch dann regiert für einen Augenblick der Zufall. In dieser ersten Mikrosekunde entscheidet sich, welche Naturgesetze und Naturkonstanten in dem jeweiligen Universum gelten werden. Es ist, als würde jedes Blasen-Universum kurz nach der Geburt seine genetische Ausstattung bekommen, allerdings mit einer DNA aus zufällig aneinandergereihten Genen. Eine dieser Blasen bewohnen wir.

Im Schaumbad-Multiversum ist die Wahrscheinlichkeit, dass eines der Universen Leben hervorbringt, sehr klein, aber eben nicht null (wäre sie null, dürfte es uns nicht geben). Das aber bedeutet nach dem *Infinite Monkey Theorem*: Es gibt auch anderswo Zivilisationen wie unsere. Denn selbst die noch so geringe Wahrscheinlichkeit, dass irgendwo Leben entsteht, multipliziert mit der unendlichen Größe des Multiversums, ergibt unendlich.

Während das Blasen-Multiversum aus ziemlich exotischen und unterschiedlichen Universen besteht, gelten im einfachsten Multiversumsmodell (Level-I-Multiversum, Kapitel 4) überall die gleichen Naturgesetze und Naturkonstanten. Der Raum ist unendlich ausgedehnt und überall mit Materie, Sternen und Galaxien gefüllt, so wie jener Ausschnitt, den wir von der Erde aus mit Teleskopen und Satelliten beobachten. *Unser Universum* ist ein kugelförmiger Ausschnitt in diesem Raum mit einem Radius von rund 45 Milliarden Lichtjahren (aufgerundet: 10^{27} Meter). Diese Strecke hat das Licht seit dem Urknall zurückgelegt, die Ausdehnung des Raums mit einberechnet. Weiter können wir nicht blicken – aber denken, und die beste Annahme ist, dass es jenseits des Horizonts ähnlich weitergeht wie diesseits.

Daraus folgt, dass auch im einfachsten aller Multiversen Doppelgänger leben. Der Kosmologe John Barrow fasst diese Überlegung in einer Art Glaubensbekenntnis zusammen:

Wir glauben, dass die Wahrscheinlichkeit für die Entwicklung von Leben größer null ist, weil es schließlich auf der Erde auf ganz natürliche Weise entstanden ist. Daher müssen in einem unendlichen Universum unendlich viele Zivilisationen existieren. In ihnen müssen sich auch Kopien von uns aus allen Altersstufen befinden. Auch wenn jemand stirbt, gibt es irgendwo im weiten All unendlich viele Kopien von ihm, die das gleiche Gedächtnis, die gleichen Erinnerungen und die gleichen Erfahrungen aus der Vergangenheit mitbringen, aber weiterleben. So geht es bis in alle Zukunft weiter, und so gesehen ›lebt‹ jeder von uns ewig.

Im Vergleich zu dieser Perspektive erscheint der religiöse Glaube an das ewige Leben oder die Wiedergeburt geradezu phantasielos.

Nun wird auch deutlich, warum wir von unseren Doppelgängern bislang kein Lebenszeichen empfangen haben: Weil sie außer Sicht- und Hörweite sind. Max Tegmark hat mithilfe von Quantentheorie und Wahrscheinlichkeitsrechnung überschlagen, wie weit entfernt unsere Doppelgänger wohnen. Es ist eine grobe Schätzung, man kann sie auf eine Serviette im Restaurant kritzeln, aber das gilt für die meisten bedeutenden Theorien der Physik. Unsere kosmische Sphäre mit rund 10^{27} Metern Ausdehnung enthält demnach etwa $N = 10^{115}$ Elementarteilchen. Diese kann man in 2^N Möglichkeiten anordnen. In einer Entfernung von $2^N \times 10^{27}$ Metern = (ca.) 10 hoch 10 hoch 115 Metern sollte man demnach eine exakte Kopie unseres Universums antreffen. Unser nächster Doppelgänger aber lebt näher dran, weil ja nicht gleich das gesamte Universum identisch sein muss, um menschliches Leben auf einem Planeten wie der Erde zu ermöglichen. Nach einer ähnlichen Abschätzung kommt Tegmark auf 10 hoch 10 hoch 29 Meter, so weit entfernt leben die nächsten Kopien von uns. Das ist sehr weit weg, viel weiter als der Horizont unseres Universums. Zu weit, um von einem Doppelgänger jemals einen Anruf zu bekommen.

Einer der wenigen, der dennoch einen Doppelgänger von sich getroffen hat, ist der argentinische Schriftsteller Jorge Luis Borges. Er begegnet ihm in seiner Kurzgeschichte *Der Andere*: Borges sitzt auf einer Bank, als ihn ein Déjà-vu-Gefühl beschleicht. Saß er hier nicht schon mal? Er bemerkt, dass jemand neben ihm sitzt. Jemand mit einer merkwürdig bekannten Stimme. Sie kommen ins Gespräch – und erkennen, dass sie Doppelgänger sind: Neben Borges sitzt Borges, nur 50 Jahre jünger.

Borges erzählt Borges Vergessenes aus seiner Jugend. Borges erzählt Borges, was ihm in den nächsten Jahrzehnten bevorsteht. Aber wirklich verständigen können sie sich nicht: »Wir waren zu verschieden und zu ähnlich. Wir konnten uns nicht hinters Licht führen, was das Gespräch beschwerlich macht. Jeder von uns beiden war die karikaturhafte Nachbildung des anderen.« Sie verabreden sich für den nächsten Tag. Aber Borges geht nicht hin, weil er glaubt, dass auch Borges nicht hingeht. Die Begegnung verwirrt ihn zutiefst: »Ich nahm mir zunächst vor, sie zu vergessen, um nicht den Verstand zu verlieren.«

9 Unsere seltsamen Nachbarn

So mußt du wieder bekennen,
Dass noch andere Erden in anderen Welten bestehen

Lukrez, 1. Jahrhundert vor Christus

Freie Liebe, LSD, Antikriegsdemos. Leonard Susskind hat all das mitgemacht »und noch mehr«, wie er betont. Danach wurde er Physikprofessor in Stanford, im Herzen blieb er ein Rebell. Im Jahr 2005 schrieb Susskind ein Buch, das seine Kollegen bis heute empört. *The Cosmic Landscape* ist ein flammendes Plädoyer für das Multiversum.

Es war eine Provokation, und für viele von Susskinds Kollegen war es ein Schock. Der weißbärtige Professor ist eine der großen Figuren der Theoretischen Physik, er hat die Stringtheorie mitentwickelt und den Großteil seiner Karriere darauf verwendet, die Lösung für genau ein Universum zu suchen, nämlich für unseres. Jene Weltformel, mit der eines Tages das gesamte Wissen der Physik auf ein T-Shirt passen sollte. Doch dann zeichnete sich ab, dass die Stringtheorie zu keiner eindeutigen Weltformel führt. Ihre Gleichungen haben so viele Lösungen, dass selbst ihre besten Kenner die Zahlen nur schätzen können. Zu viele für jedes T-Shirt auf unserem Planeten sind es auf alle Fälle. Susskind resigniert nicht. Nun postuliert er, dass die theoretischen Lösungen nicht etwa ein Auswuchs der Mathematik seien, sondern jeweils real existierenden Universen entsprächen. Das allerdings hieße: Es gibt neben unserem bekannten Universum unzählige andere Welten, und in jedem dieser Universen gelten eigene Naturgesetze. Susskind schreibt: »Die alte Frage des 20. Jahrhunderts ›Was kann man im Universum finden?‹ wird ersetzt durch die Frage ›Was kann man nicht finden?‹«

Susskinds Buch hatte Signalwirkung. In etwa vergleichbar mit der Nachricht, der Papst sei Hinduist geworden. Zwar spekulierten ein paar Quantenphysiker, Kosmologen und Philosophen schon seit Jahrzehnten über die Existenz von Paralleluniversen. Aber sie waren Außenseiter.

Jetzt jedoch kippte die Stimmung. Immer mehr Stringtheoretiker und Teilchenphysiker räsonieren nun über die Möglichkeit vieler Welten. Sie bilden eine mächtige Lobby in der Physik. Selbst der Nobelpreisträger Steven Weinberg, ein grundsolider Theoretiker, zeigt sich offen: »Ich bin noch nicht überzeugt vom Multiversum, aber ich nehme die Möglichkeit ernst.« Das neue Weltbild setzt sich fest in den Köpfen der Forscher.

Susskind redet jetzt wie ein Ketzer. Ihm zufolge leben wir »in einer unendlich kleinen Tasche in einem gewaltigen Megaversum«. Unsere Welt wäre demnach nur eine Art menschenfreundliche Nische, daneben jedoch gibt es unzählige andere Universen. In ihnen gelten aber jeweils andere Naturgesetze. Gäbe es Universitäten in jedem Universum, würden die Studenten unterschiedliche Physik lernen. Es gibt keine Möglichkeit, die Lehrbücher von einem Universum ins andere zu schicken. Der Kontakt zwischen Nachbaruniversen ist physikalisch unmöglich. Sie sind viel zu weit voneinander entfernt. Das Hauptproblem dieser Vorstellung ist daher ihre Überprüfbarkeit: Woher sollen wir wissen, ob die Theorie der multiplen Welten tatsächlich stimmt? Selbst wenn es die vielen anderen Welten wirklich gäbe, könnten wir niemals einen Blick auf sie werfen, geschweige denn sie erforschen.

Dementsprechend hart ist die Kritik an Susskinds Thesen. »Ich halte den Ansatz für gefährlich«, sagt der Physikprofessor Paul Steinhardt. »Die Wissenschaft käme zu einem deprimierenden Ende.« Der Stringtheoretiker Brian Greene, Autor des Bestsellers *Das elegante Universum*, befürchtet, die Idee könnte Wissenschaftler davon abhalten, nach tiefer liegenden Erklärungen zu suchen. Und der Kosmologe Lee Smolin schimpft: »Lenny Susskind irrt sich, und er wird einsehen, dass er sich irrt.«

Es steht einiges auf dem Spiel. Und es gibt Erklärungsbedarf. Warum wurde jemand wie Susskind vom Paulus zum Saulus? Wie genau stellt er sich das Multiversum vor? Was ist so verführerisch daran? Und warum ist die Idee so gefährlich für die Physik, wie Kritiker einwenden?

Mission Impossible: Weltformel

Eine »Theorie für Alles« ist der Heilige Gral der Physik. Sie soll die größte aller Frage beantworten: Warum ist das Universum so, wie es ist, und nicht anders? Bis jetzt ist diese Theorie leider nicht in Sicht.

Es gab Fortschritte, zweifellos. Die Erfolgsgeschichte der Physik in den vergangenen 300 Jahren ist beeindruckend, das Forschungsprogramm schnell formuliert: Führe die unterschiedlichsten Naturphänomene auf möglichst wenige Naturgesetze zurück, bis am Ende nur noch ein umfassendes Naturgesetz übrig ist. »Vereinheitlichung« sagen die Physiker dazu, alle anderen sagen »Weltformel«.

Newton war der Erste, der diesen Pfad beschritt. Er stellte die drei Newton'schen Gesetze auf und konnte zeigen, dass diese Gesetze nicht nur die Flugbahnen von

Kanonenkugeln korrekt beschreiben, sondern auch die Planetenbahnen. Seit Aristoteles hatte man Naturphänomene in himmlische und irdische unterteilt, Newton machte damit Schluss. Er vereinheitlichte Erd- und Himmelsmechanik.

Die zweite große Vereinheitlichung der Physik gelang dem schottischen Mathematiker und Physiker James Clerk Maxwell im 19. Jahrhundert. Er stellte vier Gleichungen auf, in denen Elektrizität und Magnetismus eng miteinander verknüpft sind. Wenn elektrischer Strom durch einen Draht fließt, erzeugt er ein Magnetfeld. Wenn wiederum eine Drahtspule durch ein Magnetfeld gezogen wird, erzeugt dieses im Draht Strom. Außerdem folgte aus Maxwells Gleichungen, dass Licht nichts anderes ist als eine Schwingung aus elektrischen und magnetischen Feldern. Maxwell hatte Elektrizität und Magnetismus zur Theorie des Elektromagnetismus verheiratet.

Anfang des 20. Jahrhunderts ging es so weiter. Albert Einstein formulierte die Relativitätstheorie, Niels Bohr, Werner Heisenberg, Erwin Schrödinger und andere die Quantentheorie. Die Quantentheorie konnte nicht nur die Phänomene des Elektromagnetismus beschreiben, sondern auch die Welt der Atome, sie war umfassender als Maxwells Theorie. Und Einsteins Relativitätstheorie war allgemeingültiger als Newtons klassische Physik. Sie galt auch für schwere Sterne im Weltall, die gleichsam den Raum verbiegen und das Licht auf eine Kurve zwingen, und sie zeigte, dass man Masse und Energie ineinander umwandeln kann: »Energie gleich Masse mal Lichtgeschwindigkeit zum Quadrat«. $E = mc^2$ wurde zur berühmtesten Formel der Physik – und zum Vorbild für die Weltformel. Man konnte sie groß auf ein T-Shirt schreiben. Die alten Theorien von Newton und Maxwell waren nicht falsch, sie wurden zu Spezialfällen der neuen Theorien.

Angespornt von diesem Erfolg versuchte Einstein in den letzten dreißig Jahren seines Lebens auch noch den Elektromagnetismus und die Gravitation zu einer einzigen Theorie zu vereinen. Er scheiterte. Es hätte den Fortschritt der Physik wohl nicht beeinträchtigt, bemerkte ein Biograf später, wäre Einstein in dieser Zeit einfach nur seinem Hobby nachgegangen: Segeln.

Die Mission Weltformel geriet ins Stocken. Bis heute kommt sie nur im Kriechtempo voran. Quantentheorie und Relativitätstheorie stehen nebeneinander wie Adam und Eva vor dem Sündenfall. Sie sind Herz und Seele der Physik, aber sie finden einfach nicht zueinander. Für den Moment des Urknalls versagen sie, zu extrem sind die Verhältnisse. Und warum Licht rund 300 000 Kilometer pro Sekunde schnell ist und ein Wasserstoffatom ausgerechnet 0,000 000 000 000 000 000 00167 Milligramm wiegt, können die Theorien auch nicht erklären. Dutzende solcher Naturkonstanten müssen die Physiker quasi von Hand in die Gleichungen einsetzen.

Das Multiversum der Stringtheoretiker

»Als junger Physiker hoffte ich, Schönheit und Eleganz in den Naturgesetzen zu finden«, erinnert sich Leonard Susskind. So wie sein Vater als Klempner in New York die Rohre verlegte, rechtwinklig, parallel, irgendwie ästhetisch, so stellte er sich die Physik vor. »Stattdessen fand ich eine deprimierende Unordnung.« Das war Ende der Sechzigerjahre. In den Siebzigerjahren besserte sich die Lage, das Standardmodell der Teilchenphysik entstand. Es brachte ein wenig Ordnung in die verwirrende Vielzahl von Teilchen, die man damals an Teilchenbeschleunigern und in der kosmischen Strahlung gefunden hatte. In den Achtzigern wurden die Physiker euphorisch. Eine neue Theorie machte ihnen Hoffnung, sie beschrieb Elementarteilchen nicht mehr als punktförmige Teilchen, sondern als schwingende Saiten oder Fäden. Diese *Strings* sind zwar zu klein, um jemals direkt beobachtet werden zu können (10^{-33} Zentimeter, viel kleiner als ein Atomkern), aber mit diesem Trick ließen sich mathematische Unendlichkeiten in den Gleichungen vermeiden. Und sogar die Gravitationskraft aus der Relativitätstheorie fand in dem abstrakten Gedankengebäude ihren Platz. Eine Vereinigung von Gravitation und Quantenphysik schien in Sichtweite. Seitdem sind 20 Jahre vergangen, und die Stringtheorie ist immer noch so kompliziert, dass manche Physiker sich scheuen, überhaupt von einer echten Theorie zu sprechen.

Der Physikpopularisierer Michio Kaku vergleicht die Stringtheorie in seinem Buch *Im Paralleluniversum* mit einem kleinen, schönen Kieselstein, den die Physiker bei einer Wanderung durch die Wüste finden: »Als wir den Sand beiseitefegen, stellen wir fest, dass es sich in Wirklichkeit um die Spitze einer riesigen Pyramide handelt, die unter Tonnen von Sand begraben liegt. Nach Jahrzehnten stoßen wir auf geheimnisvolle Hieroglyphen, verborgene Kammern und Tunnel. Eines Tages werden wir auf die unterste Ebene vordringen und endlich das Tor aufstoßen.« Was Kaku so blumig formuliert, ist der Traum von der Weltformel, einer Formel, die unsere und nur unsere Welt beschreibt und aus der sich alle Naturgesetze und Naturkonstanten unseres Universums ableiten lassen.

Dieser Traum ist geplatzt, sagt Susskind, »die Schönheit wurde zum Biest«. Das Problem sind die vielen Dimensionen der Stringtheorie. Die Theorie funktioniert nur unter der Annahme, dass der Raum mindestens neun Dimensionen hat. Da wir offensichtlich in einer dreidimensionalen Welt leben, hatten die Stringtheoretiker zunächst ein Glaubwürdigkeitsproblem. Wo waren die übrigen Dimensionen?

Schließlich fanden sie heraus, dass man die Zusatzdimensionen in der Theorie zu mikroskopischen Kugeln aufwickeln kann – kompaktifizieren, sagen die Physiker. Sie sind dann kleiner als Atome, sodass sie sich im Alltag nicht bemerkbar machen. Das klingt phantastisch, aber seit der Entdeckung von Quantentheorie und Relativitätstheorie kann die Physiker ohnehin nichts mehr erschrecken.

Das Problem schien gelöst, aber die Stringtheoretiker zahlten dafür einen hohen Preis: Es gibt unzählige Möglichkeiten, die Zusatzdimensionen aufzuwickeln. Und jede Möglichkeit entspricht einer eigenen Untertheorie, mit eigenen Elementarteilchen und Naturkräften. Schon 1986 ahnten einige Theoretiker um die deutschen Physiker Dieter Lüst und Wolfgang Lerche, dass »von der einst gefeierten Eindeutigkeit der Stringtheorie nicht mehr viel übrig bleibt«. Mit einem Computer – damals teuer und selten – könne man schnell Hunderte von Untertheorien konstruieren, schrieben sie in einem Fachartikel, und diese Theorien schienen echte Welten beschreiben zu können.

Die Kollegen ließen sich zunächst nicht beirren. Man suchte weiter nach der Theorie für Alles, die genau unser Universum beschreibt, in der Überzeugung, dass dieses Universum das einzige ist. Doch im Jahr 2000 zeigten zwei amerikanische Physiker erneut, dass die Stringtheorie sagenhafte 10 hoch 500 Varianten parat hat, um eine vierdimensionale Wirklichkeit – drei Raumdimensionen und eine Zeitdimension – zu beschreiben. 10^{500} ist eine große Zahl. Zum Vergleich: Die Suchmaschine Google hat auf ihren Servern 10^{12} unterschiedliche Webseiten gespeichert. Seit dem Urknall sind 10^{17} Sekunden vergangen. Das sichtbare Universum enthält ungefähr 10^{80} Atome. Die Zahl Googol ist 10^{100}.

Für Leonard Susskind war es ein Erweckungserlebnis. Statt weiter nach der einzig wahren Variante zu suchen, die genau unser Universum erklärt, argumentierte er nun, dass jede Variante ein anderes, real existierendes Universum beschreibt. Statt von einer Pyramide zu reden, entwirft der Professor das Bild einer grenzenlosen imaginären kosmischen Landschaft. In dieser Landschaft gibt es Berge, Täler und Hochebenen. Und in jedem Tal existiert ein anderes Universum. Einige sehen aus wie unseres, andere sind leer, viele existieren nur kurz, bevor in dem Tal wieder ein neues Universum geboren wird.

Die Reaktionen auf Susskinds *The Cosmic Landscape* waren gemischt. Von einem »kristallklaren, engagierten Beitrag zu dieser Grundsatzdebatte« schwärmte der Historiker Peter Galison. Der Stringtheoretiker Wolfgang Lerche dagegen schimpfte in einem Internetforum: »Die ganze Diskussion hätten wir schon 1986 führen können und sollen. Das Einzige, was sich seitdem geändert hat, ist der Geisteszustand gewisser Leute, und was wir jetzt sehen ist die Stanford-Propagandamaschine auf Hochtouren.« Der Streit bestätigt, was Soziologen schon lange wissen: Der wissenschaftliche Erkenntnisprozess spielt sich nicht in Labors und stillen Studierstübchen ab, sondern mitten in der Gesellschaft. Er ist nicht vom reinen Wissensdrang getrieben, sondern auch gelenkt durch Stimmungen, Macht, Zeitgeist und Eitelkeiten. Wenn ein Alphatier wie Susskind in die andere Richtung läuft, trabt die Herde hinterher.

Viele Weltformeln, viele Universen. Auch die Stringtheorie hat damit ihr Multiversum. Man werde in den Paralleluniversen eben unterschiedliche T-Shirts mit unterschiedlichen Weltformeln verkaufen müssen, sagt der Kosmologe Max Tegmark.

Das Multiversum der Stringtheorie fügt sich hervorragend in ein Weltbild, das Kosmologen wie Tegmark, Linde und Vilenkin schon seit zwanzig Jahren propagieren: das Szenario der ewigen Inflation. »Was jetzt für Aufregung sorgt, ist die Erkenntnis, dass die Stringtheorie ein paar Eigenschaften hat, die mit diesen älteren Ideen sehr gut zusammenpassen«, sagt Susskind.

Die Schöpfungsgeschichte der modernen Physik ist das Urknallmodell: Unser Universum entstand vor rund 14 Milliarden in einem heißen und dichten Feuerball. Es dehnte sich aus und kühlte dabei ab. Elementarteilchen vereinigten sich zu Atomen, Atome zu Gaswolken, Gaswolken zu Sternen, Sterne zu Galaxien. In der Umgebung mancher Sterne bildeten sich Planeten, einer von ihnen ist die Erde. Das ist aber nur die halbe Wahrheit.

Damit das Urknallmodell mit den Beobachtungen der Astronomen übereinstimmt, hatte der Teilchenphysiker Alan Guth 1980 die Idee mit der Inflation (Kapitel 6). Demnach hat sich das Universum in der ersten Nanosekunde nach dem Urknall explosionsartig aufgebläht. Vor der Aufblähung war es kleiner als eine Erbse, nach der Aufblähung größer als die Milchstraße, und das Ganze ging schneller als ein Augenzwinkern. Guth rätselte damals noch, wie die Aufblähung im Detail funktionierte, aber er veröffentlichte seinen Aufsatz trotzdem, »in der Hoffnung, er möge andere dazu ermutigen, einen Weg zu finden, wie sich die unerwünschten Eigenschaften des Inflationsszenarios umgehen lassen«. Die zwei russischen Kosmologen, Andrei Linde und Alexander Vilenkin, fanden diesen Weg. Sie machten aus dem Universum ein Multiversum.

Vielleicht brauchte es dazu diese beiden Wissenschaftler, deren Karrieren alles andere als geradlinig verlaufen waren. Ebenso wie Vilenkin hatte Linde in der damaligen Sowjetunion Physik studiert und dabei eine Abneigung gegen dogmatische und autoritäre Systeme, von Kommunismus bis Katholizismus, entwickelt. 1989 wanderte er aus und ging nach Kalifornien.

Linde und Vilenkin erweiterten die Inflationstheorie

zum Szenario der ewigen und chaotischen Inflation. Das Universum wurde damit viel größer und vielfältiger als gedacht – es ist ein Multiversum. In unserem Teil des Multiversums ist die explosive Aufblähung des Alls zwar zu Ende, und unser Universum expandiert nun gemächlicher, jenseits unseres Horizonts dauert die Inflation jedoch an. Dort entstehen Regionen wie unsere. Und da haben wir ihn wieder, den Schaumbad-Vergleich: »In einem einfachen Bild könnte man sagen, das Multiversum bestehe aus Blasen – Universen –, die im Raum entstehen und sich dann fast mit Lichtgeschwindigkeit ausdehnen«, sagt Vilenkin. Blasen, die vor langer Zeit entstanden sind, sind riesig, Blasen, die gerade erst entstanden sind, winzig. Unser Universum ist eine dieser Blasen, geboren vor etwa 14 Milliarden Jahren. Zwischen den Blasen expandiert der Raum so schnell, dass sie niemals kollidieren, im Gegenteil: sie entfernen sich immer weiter voneinander. Vilenkin: »Es ist ein ziemlich schaumiges Bild.«

Wenn Sie das nächste Mal Wasser in die Badewanne einlassen, geben Sie ein bisschen mehr Schaumbad als sonst hinzu und stellen Sie sich vor, der Schaum würde nach einigen Sekunden Ihr ganzes Badezimmer ausfüllen, in den Flur überquellen, durchs Treppenhaus auf die Straße und durch die Stadt schäumen und, während Sie die Socken ausziehen auf die Größe unseres Universums anwachsen und bald noch viel mehr Platz einnehmen. Und wenn Sie sich jetzt noch vorstellen, dass viele der Blasen eigene Universen mit Sternen und Lebewesen sind, dann haben Sie schon einen recht guten Eindruck vom Multiversum der ewigen Inflation. Nur dass das wirkliche Multiversum noch viel größer ist.

Andrei Linde sagt: »Es ist nicht so, dass wir uns auf Teufel komm raus eine extravagante Theorie einfallen lassen wollten. Aber als wir versuchten, einige Probleme der bisherigen

Urknalltheorie zu lösen – und die hatte einige Probleme –, kamen wir auf diese Theorie der vielen Universen.«

In der ewigen Inflation gibt es nicht einen Urknall, sondern viele. Jede Blase beginnt als eigener Urknall und dehnt sich dann aus. Ein quantenphysikalischer Zufallsprozess

bestimmt die Naturgesetze und Naturkonstanten in dem jeweiligen Universum, darunter auch die Größe der Antischwerkraft. Die Universen des Multiversums sind daher nicht alle gleich. Manche haben viel Antischwerkraft und zerplatzen gleich wieder, andere dehnen sich langsamer aus. In vielen Blasen ist die Gravitation so stark, dass diese Universen nur von Schwarzen Löchern bevölkert sind. Und es gibt auch leere Blasen, in denen niemals Atome oder Materie entstanden sind, weil die elektrische Ladung und die Masse der Elementarteilchen dafür nicht richtig eingestellt waren. Zwischen den Universen setzt sich die Inflation fort. Daher gelangt man nicht von einem Universum ins andere: Der Raum dazwischen dehnt sich schneller aus als die Blasen selbst. Die Universen kommen und gehen, viele existieren zeitlich und räumlich parallel. Das Multiversum als Ganzes hat keinen Anfang und kein Ende.

Das Multiversum ähnelt der ehemaligen Sowjetunion

Welche Ironie: Im 20. Jahrhundert kämpften zwei Fraktionen gegeneinander. Urknalltheoretiker glaubten an einen Anfang des Universums, die Gegenseite glaubte an das ewige Universum, in dem Sterne und Galaxien immerfort entstehen und wieder vergehen. Die Urknalltheoriker gewannen den Streit. Das Multiversum jedoch bietet Platz für beide. Es zündet viele Urknalle und existiert doch ewig. Nachdem Vilenkin das Szenario der ewigen Inflation ausgebrütet hatte, setzte er sich ins Auto und fuhr 20 Minuten von Tufts zum Massachusetts Institute of Technology, um Alan Guth, dem eigentlichen Erfinder der Inflationstheorie, von seiner Idee zu berichten. Doch während Vilenkin seine Ideen erläuterte, fielen Guth die Augen zu. Vilenkin ließ sich davon nicht beirren und veröffentlichte seine Theorie. Er simulierte das Multiversum sogar auf einem

Computer. Tatsächlich ähnelte es in zwei Dimensionen einer Landkarte. Es gleicht seiner alten Heimat, der Sowjetunion nach dem Zerfall: zerstückelt in Regionen unterschiedlichster Größe und mit den unterschiedlichsten Gesetzen und Staatsformen, von Anarchie bis Demokratie. Nur der Einmarsch von einem Land ins andere ist im Multiversum verboten.

Für das Weltbild der beiden Russen interessierten sich lange Zeit nur wenige. »Die meisten Physiker fanden die Idee skurril«, erinnert sich Guth, »allenfalls interessant für eine Handvoll Kosmologen, die den Kontakt ihrer Theorien mit echten Beobachtungen fürchten.« Dann kam die Nachricht, dass die Stringtheorie womöglich 10^{500} Varianten hat. Sie änderte alles.

Teilchenphysiker, Stringtheoretiker und Kosmologen erkannten plötzlich, dass sie aus unterschiedlichen Richtungen auf ein und dieselbe Idee gestoßen waren. Die Teilchenphysik zeigt, wie nach einem Urknall unterschiedliche Elementarteilchen und Naturgesetze entstehen können. Die Kosmologen entdeckten den sich ewig aufblähenden Kosmos, in dem Universen wie Bläschen aufploppen. Und die Stringtheoretiker gelangten zu der Erkenntnis, dass die 10^{500} Varianten ihrer Theorie jeweils ein anderes Universum beschreiben können. Und sie finden immer mehr Varianten, inzwischen ist schon von $10^{100\,000}$ die Rede, vielleicht sind es sogar unendlich viele. Auch Alan Guth ist nun überzeugt. »Wenn die Inflation erst mal beginnt,« sagt er, »bringt sie nicht nur ein Universum hervor, sondern unendlich viele.«

Damit wäre auch die Frage beantwortet, die eigentlich die Theorie für Alles lösen sollte: Warum ist das Universum so, wie es ist? Die Antwort: Unser Universum ist ein Zufall, über den man sich nicht zu wundern braucht. Denn im Multiversum ist die Existenz eines menschenfreundlichen

Weltalls schlicht eine Folge der Statistik. Unter 10^{500} oder gar $10^{10\,000}$ Universen muss unseres einfach dabei sein, so wie immer irgendjemand sechs Richtige im Lotto tippt, wenn genug Leute mitspielen. Würde jeder Mensch auf der Erde beim deutschen Lotto mitmachen, gäbe es bei jeder Ziehung mehr als 1000 Gewinner.

»Viele Dinge in unserer Umgebung sind Zufälle der Geschichte«, sagt der Astronom Sir Martin Rees, »zum Beispiel die exakte Position der Planeten und Asteroiden im Sonnensystem. Ebenso könnte auch das Rezept für ein gesamtes Universum beliebig sein.« Rees vergleicht das Multiversum mit einem großen Kleidergeschäft: »Wenn die Auswahl an Kleidern groß genug ist, sind wir nicht überrascht, etwas Passendes zu finden.« Wir haben unser eigenes Universum gefunden.

Nur, wie soll man die Theorie vom Multiversum belegen, wenn man die anderen Welten doch niemals zu Gesicht bekommt? Einige Kosmologen haben inzwischen ein ganz persönliches Maß für ihre Glaubwürdigkeit eingeführt: Martin Rees würde seinen Hund auf die These vom Multiversum verwetten, Andrei Linde sogar sein Leben. Und der Nobelpreisträger Steven Weinberg verkündete, er habe genug Zutrauen in die Theorie, »um sowohl Andrei Lindes Leben als auch Martin Rees' Hund darauf zu setzen«.

10 Wenn die Welt sich teilt

In allen Fiktionen entscheidet sich ein Mensch angesichts verschiedener Möglichkeiten für eine und eliminiert die anderen; im Werk des schier unentwirrbaren Ts'ui Pên entscheidet er sich – gleichzeitig – für alle. Er erschafft so verschiedene Zukünfte, verschiedene Zeiten, die ebenfalls auswuchern und sich verzweigen. So entstehen die Widersprüche im Roman.

Jorge Luis Borges, Der Garten der Pfade, die sich verzweigen, 1941

Naseweis an Genie: Im Jahr 1943 bekam Albert Einstein Post von einem amerikanischen Jungen. Der zwölfjährige Hugh Everett fragte den Nobelpreisträger, ob es etwas Zufälliges gebe, das die Welt zusammenhält. Einstein wich aus:

> *Es scheint einen sehr sturen Jungen zu geben, der sich den Weg durch seltsame Schwierigkeiten gebahnt hat, die er sich selbst zu diesem Zweck geschaffen hat.*
> *Mit freundlichen Grüßen, Dein Albert Einstein.*

Zufall – da hatte der junge Hugh ein heikles Thema angesprochen. Was er von der Eminenz der Physik wissen wollte, entzweite damals die Forschergemeinde. Einstein hielt nichts vom Zufall. Er glaubte an die »volle Gesetzlichkeit« der Natur – dass die Welt läuft wie ein Uhrwerk, streng mechanisch und vorhersagbar. Er war überzeugt: »Gott würfelt nicht.« Aber er war in die Defensive geraten. Niels Bohr, der dänische Atomphysiker, hatte viele seiner Kollegen davon überzeugt, dass Gott sehr wohl würfelt. In der Welt der Atome sei das physikalische Geschehen eben doch zufällig. Drei Jahrzehnte lang blieb Bohrs Dogma vom Zufall fast unangefochten, bis jemand es erschütterte: ein sehr sturer Physiker namens Hugh Everett.

Uhrwerk oder Glücksspiel? Der Streit um das Wesen der Natur begann Mitte der Zwanzigerjahre. Seit Anfang des Jahrhunderts hatten die Physiker versucht, das Verhalten der kleinsten Bausteine der Materie und des Lichts – Elektronen, Protonen, Neutronen und Photonen – theoretisch in den Griff zu bekommen. Dann, in einem Ausbruch kollektiver Kreativität, fanden Niels Bohr, Werner Heisenberg, Erwin Schrödinger und andere Physiker jene Theorie, die die Physik für den Rest des Jahrhunderts prägen sollte: die Quantentheorie oder Quantenmechanik.

Die Teilchen hatten ihren Erforschern reichlich Rätsel aufgegeben. Im Labor verhielten sie sich ganz und gar sonderbar. Manchmal schien es, als seien sie an mehreren Orten gleichzeitig. In manchen Versuchsaufbauten breiteten sie sich aus wie Licht- oder Schallwellen, liefen um Ecken oder überlagerten sich wie die Stimmen eines Chors. Waren die Teilchen in Wirklichkeit Wellen? Nein, so konnte es auch nicht sein. Denn sobald die Messgeräte eingeschaltet wurden, verhielten die Teilchen sich wie stinknormale Teilchen. Jedes an seinem Ort, keine Überlagerungen. Es war, als hielte die Natur ihre Erforscher zum Narren. Unbeobachtet ist die Mikrowelt ein einziger Wellensalat. Sobald man hinschaut: überall nur brave Teilchen. Es ging den Forschern mit den Teilchen wie einem Lehrer mit seiner Schulklasse: Sobald er sich zur Tafel dreht, bricht hinter ihm der Radau los. Dreht er sich zurück zur Klasse, sitzen alle Schüler wieder artig auf den Stühlen. Die Quantenmechanik beschreibt diesen Spuk mit unbestechlicher Präzision. Nur welcher Schüler auf welchem Platz sitzt, bleibt dem Zufall überlassen.

Aber was war das bloß für eine Theorie? Ihre Begründer hatten jeweils nur einen Teil zu ihr beigetragen, und dann staunten alle über das Gemeinschaftswerk. Es war von beispielloser mathematischer Abstraktheit. Werner Heisenberg formulierte die Theorie mit mathematischen Objekten namens Matrizen, die er selbst erst einmal durchschauen musste. Erwin Schrödinger hantierte mit Wellenfunktionen, von denen auch er nicht genau wusste, in welchen Räumen sich die Wellen ausbreiten. Die Koryphäen der Physik standen vor einer völlig neuen Situation: Sie verstanden die Theorie nicht, mit der sie rechneten. Aber es funktionierte. Nur wie?

Erst allmählich dämmerte den Quantenmechanikern, was ihr Formelwerk besagte. Es erlaubt den Teilchen, was in jeder früheren Theorie verboten war und der Alltagserfahrung zuwiderläuft: Sie dürfen in mehreren Zuständen gleichzeitig sein, zum Beispiel an verschiedenen Orten sein oder verschiedene Geschwindigkeiten haben. Ein Elektron an zwei Orten gleichzeitig? Kein Problem für die Formeln der Quantenmechanik. Aber sehr wohl ein Problem für unsere Intuition. Niemand hat schon mal ein Auto in zwei entgegengesetzte Richtungen gleichzeitig davonfahren sehen, oder? Für ein Elektron ist so eine Zwitterexistenz – Physiker reden von *Superpositions-* oder *Überlagerungszuständen* – ganz normal.

Die Quantenmechanik war ein beispielloser Erfolg. Unzählige Male wurde sie experimentell geprüft, auf zig Stellen hinter dem Komma genau, und es zeigte sich kein Hauch eines Widerspruchs zwischen Vorhersagen und

Messungen. Der Quantenmechanik verdanken wir Meilensteine der Technik: Laser, Computer, Mobiltelefon. Mit ihr konnten die Physiker endlich erklären, worüber sie Jahrzehnte zuvor gerätselt hatten: wie Atome radioaktiv zerfallen und chemisch miteinander reagieren. Und sie erkannten, dass Quanteneffekte auch vielen alltäglichen Phänomenen zugrunde liegen. Die Härte und Farbe verschiedener Materialien, die Absorption von Licht in Solarzellen, überhaupt die Existenz fester Gegenstände, das Kochen und Gefrieren von Wasser – all das lässt sich mit der Quantenmechanik erklären.

Das Duell der Giganten

Kaum war die Quantentheorie formuliert, entbrannte eine Debatte über ihre Bedeutung. Die Physiker versuchten, sich ein anschauliches Bild von der Wirklichkeit hinter den Formeln zu machen – und verzweifelten daran. »Eine hoffnungslose Schweinerei« seien diese Quanten, fluchte Max Born. Erwin Schrödinger bedauerte gar, sich »mit der Quantentheorie überhaupt beschäftigt zu haben«.

Die mächtigste Stimme war die von Niels Bohr, dem dänischen Nobelpreisträger. Zu Beginn des Jahres 1927 fuhr er für ein paar Wochen in den Winterurlaub nach Norwegen. Er lief Ski, sinnierte über die Quanten und kehrte mit jenen Einsichten zurück nach Kopenhagen, die später als »Kopenhagener Deutung« der Quantenmechanik berühmt wurden. Er hatte aus dem gescheiterten Versuch, die Quantemechanik zu verstehen, die radikalste Konsequenz gezogen: Er leugnete, dass es da etwas zu verstehen gibt.

Einmal wurde Bohr von seinem Freund, dem Philosophen Harald Høffding, gefragt, wo genau ein unbeobachtetes Elektron in einem Versuchsaufbau laut Theorie zu sein habe? Bohr war ein ruhiger und feingesitteter Mensch, aber diese Frage brachte ihn auf: »Zu sein, zu sein!«, gab er zurück, »Was heißt das, zu sein?« Einfach so »zu sein«, das hatte für Bohr keinen Sinn in der Mikrowelt. Für ihn war Existenz nicht zu trennen von Beobachtetwerden. Denn Teilchen und Atome sind so empfindlich, dass eine Messung sie zwangsläufig beeinflusst. »Jede Beobachtung atomarer Phänomene fordert eine nicht zu vernachlässigende Wechselwirkung mit dem Messgerät«, sagte Bohr im September 1927 in einem Vortrag, »also kann weder den Phänomenen noch dem Beobachtungsmittel eine selbstständige physikalische Realität im gewöhnlichen Sinne zugeschrieben werden.«

In Bohrs Sicht ist ein unbeobachtetes Elektron nur ein mögliches Elektron. Es führt keine eigenständige Existenz wie ein Stein, ein Baum oder der Mond. Zu einem wirklichen Elektron wird es erst, wenn jemand hinschaut. Dann tritt es »vom Möglichen ins Faktische«, wie Heisenberg es formulierte. Dann verdichtet sich die abstrakte Zustandsmixtur auf wundersame Weise zu einem fassbaren Teilchen. Viele Quantenphysiker bezeichnen diesen Moment als »Kollaps der Wellenfunktion«. In welchem der möglichen Zustände der Beobachter das Teilchen dann vorfindet, ist für ein einzelnes Teilchen nicht vorhersagbar, sondern eine Frage der Wahrscheinlichkeit. Der Zufall regiert die Mikrowelt.

Die Feuerprobe für die Kopenhagener Deutung waren die Solvay-Tagungen 1927 und 1930 in Brüssel, wo die Koryphäen der Physik sich zu ihren inoffiziellen Gipfeltreffen versammelten. Im Mittelpunkt standen Niels Bohr und Albert Einstein, die sich täglich Wortgefechte über die Quantenmechanik lieferten. Einstein weigerte sich, dem Zufall die Herrschaft über die physikalische Welt zu überlassen. Oft trat er schon morgens in den Frühstücksraum des gediegenen Hotels Metropol und verkündete, Bohrs Quantenmechanik widerlegt zu haben. Bohr hörte sich alles an, dachte in Ruhe nach und servierte Einstein zum Abendessen das Gegenargument. Am nächsten Morgen trat der unermüdliche Einstein erneut gegen Bohr an, »wie die Teuferln der Box: jeden Morgen frisch herausspringend«, erinnerte sich später Paul Ehrenfest, ein Freund Einsteins.

An einem Oktobertag während der Konferenz im Jahr 1930 nahm die Diskussion eine dramatische Wende. Wieder einmal hatte Einstein ein Gedankenexperiment ausgeklügelt, das Bohrs Quantentheorie kippen sollte. Er wollte zeigen, wie man den Zustand eines Teilchens messen kann, ohne es zu stören. Im Club der *Fondation Universitaire* präsentierte er Bohr seine Idee. Der Däne war ernsthaft beunruhigt. »Im Augenblick sah er keine Lösung«, erinnerte sich Ehrenfest, »er versuchte alle zu überreden, dass es nicht wahr sein könne, denn es würde das Ende der Physik bedeuten, hätte Einstein recht. Ich werde niemals den Anblick vergessen, den die beiden Gegner beim Verlassen des Universitätsklubs boten. Einstein, von majestätischer Gestalt, ging ruhig mit einem leicht ironischen Lächeln, und Bohr trottete neben ihm, höchst aufgeregt.« Diesmal überstand Einsteins Argument das Abendessen unwiderlegt. Bohr verbrachte eine Nacht mit fieberhaftem Nachdenken und wenig Schlaf. Dann, noch rechtzeitig zum Frühstück, fand er den Ausweg: Einstein hatte ausgerechnet einen Effekt seiner eigenen Relativitätstheorie übersehen, und sein Argument war dahin ...

»Halt's Maul und rechne!«

Einstein hatte verloren. Keines seiner Gedankenexperimente vermochte die Quantenmechanik zu widerlegen. Die Kopenhagener Deutung etablierte sich für die nächsten Jahrzehnte als Standardinterpretation der Quantenmechanik. Fast alle Lehrbücher übernahmen sie. Vielen Physikern fiel es schwer, die Idee einer objektiven, vom Betrachter unabhängigen Wirklichkeit aufzugeben. Aber einen besseren Vorschlag als Bohr hatte zunächst keiner von ihnen. Und so fanden sie sich damit ab, dass die Mikrowelt eben ein bisschen anders tickt: »Shut up and calculate!« war das Motto – »Halt's Maul und rechne!«

Doch die kritischen Fragen verschwanden nicht, indem man sie ignorierte. Warum sollte man der Mikrowelt keine eigenständige Realität zugestehen? Nur weil wir sie uns nicht vorstellen können? Warum sollten die Elektronen, Protonen und Neutronen, aus denen die Alltagswelt – Steine, Bäume und wir selbst – aufgebaut ist, grundlegend anderen physikalischen Gesetzen gehorchen als ebendiese Gegenstände der Alltagswelt? »Soweit wir das Universum überblicken, gibt es 10^{80} Teilchen«, sagt Max Tegmark. »Wir haben die Quantenmechanik für einzelne Teilchen getestet. Sie stimmt. Dann für zwei Teilchen. Sie stimmt immer noch. Und auch für 60 Teilchen. Jetzt wollen Forscher sie für 10^{15} Teilchen testen. Und wenn wir das geschafft haben, liegt die Vermutung nahe, dass sie auch für Systeme gilt, die größer als das beobachtbare Universum sind.«

Tatsächlich haben Experimentalphysiker in den vergangenen Jahren gezeigt, dass die bizarre Natur der Quantenphysik auch in der Makrowelt aufscheint. Anton Zeilinger von der Universität Wien und Wissenschaftler vom Max-Planck-Institut für Quantenoptik in Garching schickten Lichtteilchen zwischen den Inseln La Palma und Teneriffa hin und her und erzeugten dabei quantenmechanische Zwitterzustände über eine Distanz von 144 Kilometern. Außerdem schaffte es Zeilinger in seinem Labor, Moleküle aus 60 Atomen miteinander interferieren zu lassen wie Wellen. Eines Tages könnte dies auch mit noch größeren Gebilden, zum Beispiel mit Viren, gelingen, glaubt er. Die einzige Bedingung ist, dass das Experiment vom Rest der Welt gut abgeschirmt wird.

Bohr hatte noch einen geistigen Trennstrich durch die physikalische Welt gezogen, um sie zu ordnen: Diesseits befindet sich unsere gewohnte, makroskopische Lebenswelt, jenseits liegt der fremdartige Mikrokosmos. Doch wo genau verläuft die Grenze? Gehören etwa Viren noch zum Mikrokosmos? Im Vergleich zu einzelnen Atomen sind sie gigantisch groß.

Wie künstlich die Trennung in Mikro- und Makrokosmos ist, zeigte Erwin Schrödinger 1935 in seinem berühmt gewordenen Gedankenexperiment: Man denke sich zunächst ein radioaktives Atom in einer verschlossenen Kiste, zum Beispiel ein Atom des Elements Francium, das eine Halbwertszeit von 22 Minuten hat. Nach dieser Zeit ist das Atom also mit einer Wahrscheinlichkeit von 50 Prozent zerfallen. Man könnte einfach nachschauen. Bevor man das tut, ist es nach der Kopenhagener Deutung sinnlos zu fragen, ob das Atom »in Wirklichkeit« zerfallen ist oder nicht. Die Quantentheorie beschreibt den Zustand des Atoms vor dem Nachschauen als eine mathematisch-abstrakte Überlagerung beider möglichen Zustände, »zerfallen« und »noch ganz«. Erst wenn man die Kiste öffnet und hineinsieht, manifestiert sich das Atom in einem der beiden Zustände.

Bei Atomen mag man noch hinnehmen, dass sie erst beim Hinsehen in der wohl geordneten Wirklichkeit ankommen. Aber Schrödinger dachte weiter. Er steckte eine Katze zu dem Atom in die Kiste. Dazu einen gemeinen Tötungsmechanismus, der beim Zerfall des Atoms ein Hämmerchen auf ein Giftfläschchen fallen lässt. Damit sind die Zustände von Atom und Katze, von Mikro- und Makrowelt, miteinander verbunden: Wenn das Atom zerfällt, stirbt die Katze. Solange es ganz bleibt, lebt sie weiter. Wie geht es der Katze nach der Halbwertszeit von 22 Minuten? Ist sie tot oder lebendig oder gar halbtot? Die quantenmechanische Beschreibung der Höllenmaschine besagt, so Schrödinger, »dass in ihr die lebende und die tote Katze zu gleichen Teilen gemischt oder verschmiert sind«. Erst wenn der Experimentator den Deckel der Kiste hebt, entscheidet sich das Schicksal der Katze. Dann erst ist das Tier eindeutig tot oder eindeutig lebendig. Absurd, befand Schrödinger und lehnte es ab, die Quantenmechanik »als Abbild der Wirklichkeit« gelten zu lassen.

Hugh Everett erlöste Schrödingers Katze aus ihrem Schwebezustand. Er zeigte, wie man die Quantenmechanik doch als Abbild der Wirklichkeit gelten lassen kann. Der Preis dafür ist das Multiversum.

Schau hin, ein neues Universum

Im Jahr 1953 war Everett, Sohn eines Colonels der US Army, mit einem Stipendium für Mathematik an die Princeton University gekommen. Aber schon nach ein paar Monaten galt sein Interesse der Theoretischen Physik. Er las Bücher über die Relativitätstheorie und hörte die letzten Vorlesungen von Albert Einstein, der bis zu seinem Tod im Jahr 1955 keinen Frieden mit der Quantenmechanik fand. Im selben Jahr besuchte Niels Bohr mit einem Assistenten die Universität. Bei Sherry und Zigaretten diskutierte man die Paradoxien der Quantenmechanik. Everett hörte aufmerksam zu. Er hatte sein Dissertationsthema gefunden. Diese Paradoxien wollte er lösen.

Everett tat das Gegenteil von Bohr. Statt der bestgeprüften Theorie der Physik ihren Realitätsgehalt abzusprechen, nahm er sie beim Wort. Die Kopenhagener Deutung hatte den Gültigkeitsbereich der Quantenmechanik per Dekret beschränkt: bis zu den Messgeräten und nicht weiter! Aber in den Gleichungen steht nichts von einer Grenze. Also wandte Everett sie auch über die Mikrowelt hinaus an, auf die Messgeräte, die Beobachter, immer weiter. Er betrachtete die ganze Welt als ein einziges Quantensystem. Und siehe da, die Paradoxien, die Bohr, Einstein und Schrödinger geplagt hatten, verschwanden.

Viele Physiker nach Bohr hatten behauptet, dass wir die Überlagerungszustände der Quantenmechanik nicht sehen, weil sie kollabieren, zusammenbrechen, sobald jemand sie zu messen versucht. Aber auch von diesem mysteriösen Kollaps steht nichts in den Gleichungen der Theorie. Everett schaffte ihn ab. In seiner Deutung bemerken wir die Überlagerungszustände nicht, weil wir selbst zu ihnen gehören. Der Physiker, der die Kiste mit Schrödingers Katze öffnet, gerät selbst in einen Doppelzustand: Ein

Teil von ihm sieht die tote Katze, der andere Teil die lebendige. Mit dem Schicksal der Katze teilt sich die ganze Welt. »Es klingt wie Phantasie«, sagt der Heidelberger Physiker Dieter Zeh, »aber das ist eben, was die Formeln sagen. Und ich glaube den Formeln.«

Mit dem Kollaps verschwand auch der Zufall. In der Kopenhagener Deutung ist der Mikrokosmos ein Casino. In welchem Zustand ein Elektron oder eine Katze nach dem Kollaps seines Überlagerungszustands landet, ist unmöglich vorherzusagen. Die Quantentheorie nach Kopenhagener Lesart macht nur Wahrscheinlichkeitsaussagen. In Everetts Welt findet kein Kollaps statt. Gott muss nicht mehr würfeln. Einstein wäre zufrieden gewesen.

Im März 1957 gab Everett seine Doktorarbeit ab, gleich darauf veröffentlichte er eine Kurzfassung unter dem Titel *Die Formulierung der Quantenmechanik mit relativen Zuständen*. Everett hatte das Wort »relativ« in Anlehnung an Einsteins Relativitätstheorie gewählt: Der Zustand der Welt ist genauso relativ, wie es Zeit und Bewegung in Einsteins Theorie sind. Die Welt ist in vielen Zuständen gleichzeitig, und sie teilt sich wieder und wieder. Jedes Mal, wenn man ein quantenmechanisches System in einem Überlagerungszustand beobachtet, entstehen neue Weltenzweige: für jeden Teilzustand ein Zweig. Die Welt ist ein Multiversum. Bryce DeWitt, einer von Everetts Dozenten in Princeton, war der Erste, der Everetts Sicht der Quantenmechanik beim Namen nannte: die »Viele-Welten-Interpretation«.

Viele Welten im Dornröschenschlaf

Viele Welten oder eine Welt in vielen Zuständen zugleich – man kann Everetts Deutung der Quantenmechanik so oder so verstehen. Der Physiker Michio Kaku stellt sich das quantenmechanische Multiversum so vor:

Wenn Sie Radio hören, dann ist Ihr Radiogerät auf eine bestimmte Frequenz eingestellt. BBC zum Beispiel, nicht Radio Moskau. Aber auch alle anderen Frequenzen schwirren durch Ihr Wohnzimmer, nur können Sie die nicht hören. In der Quantenmechanik sind auch wir Wellen. Wir sind auf eine bestimmte Frequenz eingestellt, unsere Welt, aber die anderen Frequenzen sind auch da: die Frequenzen von Dinosauriern, von Außerirdischen, von einer Erde, die inzwischen zerfallen ist – die Frequenzen anderer Welten.

Everetts Arbeit erschien im Juli 1957 im Fachmagazin *Reviews of Modern Physics*. Gespannt wartete Everett auf die Reaktion seiner Fachkollegen. Es kam keine. Die Kollegen ignorierten seine Arbeit. »Eines der bestgehüteten Geheimnisse des Jahrhunderts« nannte sie später der deutsch-israelische Physiker Max Jammer.

Im Frühjahr 1959 reiste Everett nach Kopenhagen, um Niels Bohr zu besuchen. Entspanntes Plaudern war nicht zu erwarten. Auf der einen Seite der 75-jährige Altmeister der Quantentheorie, auf der anderen Seite der zugeknöpfte Everett, der auf allen Fotos immer Krawatte und Anzug trägt. Bohr weigerte sich, die »Emporkömmlingstheorie« zu diskutieren. Der enttäuschte Everett wandte sich für immer ab von der Grundlagenforschung und wechselte in die Rüstungsindustrie. Noch im Hotel in Kopenhagen kam ihm eine Geschäftsidee, die ihm später viel Geld bringen sollte. Der scheinbar so weltfremde Everett wurde tüchtiger Unternehmer.

Die Viele-Welten-Interpretation wurde eine Sache für Aufschneider und Esoteriker. Als Everett 1970 einen jungen Physiker namens Donald Reisler zu einem Vorstellungsgespräch in seinem Unternehmen sitzen hatte, fragte er ihn, ob dieser seinen Artikel gelesen hatte. »O mein Gott!«, entfuhr es Reisler, »dieser Everett sind Sie, der Verrückte mit diesem unglaublichen Artikel. Ich habe ihn an der Uni gelesen, gelacht, ihn weggelegt und mit meiner Arbeit weitergemacht.« Everett stellte Reisler ein. Sie wurden Freunde.

Vier Jahrzehnte lang dämmerte die Viele-Welten-Interpretation im Exotenstatus dahin. Dann, in den Neunzigerjahren, erdachten die Kosmologen ihr eigenes Multiversum. Zwei völlig verschiedene Ansätze, der gleiche Gedanke. Die Kosmologen betrachten die Welt im Allergrößten, die Quantenphysiker im Allerkleinsten. Und beide landen bei einem Multiversum – welch erstaunliche Übereinkunft.

Zwar kann das Multiversum der Kosmologie nicht identisch sein mit Everetts vielen Welten. Denn das eine existiert im physikalischen Raum, in dem wir leben; die anderen verzweigen sich im abstrakten Raum aller möglichen Zustände der Welt. Das kosmologische Multiversum ist nur eine der vielen Welten der Quantenmechanik. Dennoch geben die beiden Konzepte einander Gewicht: Wenn es schon mehr als eine Welt gibt, dann kann es auch gleich noch mehr davon geben.

Offene Fragen gibt es noch genug. Zum Beispiel streiten auch die Anhänger der Viele-Welten-Deutung darüber, ob ihre Theorie neue Vorhersagen macht, die man im Experiment überprüfen kann, oder ob sie eben doch nur eine neue Interpretation der alten Theorie ist, an die man glauben oder nicht glauben kann. Aber die Viele-Welten-Interpretation wird beliebter. Als Max Tegmark 1997 eine Umfrage unter den Teilnehmern eines Quantenmechanik-Workshops machte, stimmten 13 Physiker für die Kopenhagener Deutung, acht für die Viele-Welten-Interpretation, neun für diverse andere Deutungen. Zumindest in dieser Runde hatte Niels Bohr die absolute Mehrheit verloren. »Ein bemerkenswerter Sinneswandel seit den alten Zeiten, in denen die Kopenhagener Deutung unangefochten regierte«, sagt Tegmark. Die Jahre des »Halt's Maul und rechne!« sind gezählt. Wer das Multiversum nicht akzeptieren will, der muss die Quantenmechanik verwerfen. Und vielleicht ist die Vorstellung, dass die Welt sich in alle möglichen Verläufe spaltet, tiefer in unserem Denken verwurzelt, als es auf den ersten Blick scheint.

In der Erzählung *Der Garten der Pfade, die sich verzweigen* stellt Jorge Luis Borges die Zeit als ein Buch dar, in dem alle Möglichkeiten Wirklichkeit werden: Ein deutscher Agent im Ersten Weltkrieg schreibt einen Roman, dessen Handlung sich immer wieder verzweigt und verzweigt und verzweigt ... Jeder Plot, der sich ereignen kann, ereignet sich tatsächlich – es entsteht ein unendliches Labyrinth, in dem jeder Leser sich unweigerlich verirren muss. Mit der Stimme einer der Figuren bezeichnet Borges seine Zeitvorstellung als Alternative zu Newtons ewig gleichmäßig dahinfließender Zeit. »Eine Kriminalgeschichte« nannte er seine Erzählung. Sie war auch eine Prophezeiung. Borges gab die wohl schönste Beschreibung des quantenmechanischen Multiversums, lange bevor die Physiker darauf kamen. Er war 16 Jahre früher dran als Everett.

11 Zwischen Physik und Esoterik

Das Multiversum ist eine gefährliche Idee.

David Gross, Physik-Nobelpreisträger, 2008

Robert Laughlin hatte einen arroganten Onkel, einen Patentanwalt. Während des Familienurlaubs im Yosemite Nationalpark wohnte dieser mit seiner Frau im nobelsten Hotel der Gegend, bediente sich jeden Morgen ausgiebig am Frühstücksbuffet und belehrte seinen Neffen über die Welt. Wandern im Nationalpark? Nein danke. Er hatte begriffen, wie ein Wasserfall physikalisch funktioniert. Wozu die Originale bewundern?

Der kleine Robert ließ alles über sich ergehen, studierte Physik und wurde später Professor für Festkörperphysik an der Stanford University. 1998 bekam er den Nobelpreis, 2005 schrieb er das Buch *A Different Universe* (deutsche Ausgabe: *Abschied von der Weltformel*). Darin vergleicht er Stringtheoretiker und Kosmologen mit seinem Onkel – abgehoben, weltfremd und ignorant – und die Multiversumstheorie mit einer Staatsreligion. Für Laughlin steht fest: »Unsere Beherrschung des Universums ist weitgehend ein Bluff – große Klappe und nichts dahinter.« Kosmologen phantasieren herum und faseln vom eleganten Universum. Aber sie scheuen die Wirklichkeit wie Laughlins Onkel die Wasserfälle.

In der Physik ist ein Bürgerkrieg ausgebrochen, und Laughlins Buch ist eine Kriegserklärung. Eine von vielen. Festkörperphysiker kämpfen gegen Stringtheoretiker, Kosmologen gegen Astronomen, Blogger gegen Nobelpreisträger, Universitäten gegen Universen. Die Gegner beleidigen einander, sie diffamieren und lästern, gern öffentlich. Ihre Waffen sind Bücher, Weblogs und Interviews.

Kleine Scharmützel unter Physikern gab es schon länger. Doch der Zündfunke, der alles eskalieren ließ, war die Behauptung, dass es außerhalb unseres Universums noch viele andere gibt, die Theorie des Multiversums. Ist das noch seriöse Forschung oder schon Esoterik? Diese Frage droht die Physik zu spalten.

Es geht um die Ideale der Wissenschaft. Um die Tradition von Physik und Astronomie. Um den Ruf der Universitäten, die Verteilung von Forschungsgeldern, die Berufung von Professoren. Es geht darum, welche Wirklichkeit die Physik eigentlich beschreibt, und ob sie überhaupt noch eine Wirklichkeit beschreibt. Kurz, es geht um die Frage, ob die Physiker noch ganz bei Trost sind.

Physiker auf Drogen

Derzeit sieht es nicht danach aus, als könne man die Existenz vieler Welten jemals durch Beobachtung bestätigen. Trotzdem wird das Multiversum von gestandenen Professoren verteidigt, und das treibt den Kritikern den Schweiß auf die Stirn. Mit der Beobachtung des Himmels hat Galileo Galilei einst die moderne Physik begründet. Seitdem muss sich jede Theorie an der Erfahrung messen lassen. Theorien sollten so beschaffen sein, dass man sie durch Experimente oder Beobachtungen widerlegen kann, forderte der Philosoph Karl Popper. Falsifizierbarkeit nannte er dieses Kriterium. Viele Physiker sind heute Popperianer.

»Der Fortschritt der Wissenschaft in den letzten 400 Jahren beruht auf ein paar ethischen Grundregeln, und Falsifizierbarkeit ist eine davon«, mahnt der Physiker Lee Smolin. Poppers Gebot der prinzipiellen Widerlegbarkeit müsse man unbedingt aufrechterhalten. Auch Smolin hat eine Kriegserklärung in Buchform veröffentlicht: *The Trouble with Physics*. Eine Abrechnung mit der Stringtheorie, die Smolin für maßlos überschätzt hält (ein deutscher Stringtheoretiker lästerte daraufhin, Smolin könne keine mathematische Gleichung fehlerfrei an die Tafel schreiben). Smolins Kollege Carlo Rovelli warnt: »Die Theoretische Physik wird zur Hirnakrobatik. Sie beschäftigt sich nur noch mit sich selbst und verliert die Verbindung zur Realität.« Der Physik-Nobelpreisträger David Gross hält das Multiversum für eine »gefährliche Idee«, die Studenten von der Physik abschrecke. Und der US-Astronom Richard Lieu ruft sogar dazu auf, den Kosmologen die Forschungsgelder zu streichen.

Der Ärger ist groß – und teilweise nachvollziehbar. Mitunter gleicht die aktuelle wissenschaftliche Diskussion einem freien Assoziieren unter dem Einfluss bewusstseinserweiternder Stimulanzien. Lawrence Krauss fragte sich in einem Fachartikel, ob astronomische Beobachtungen des Weltalls die Lebensdauer unseres Universums verkürzen könnten. Würde man das gesamte Universum wie ein einzelnes Atom mit der Quantenphysik beschreiben, wäre das denkbar. Wie die Quantenphysik den ganzen Kosmos beschreiben soll, weiß allerdings niemand. Nach Sensationsmeldungen in der Presse und einem Rüffel von seinen Fachkollegen nahm Krauss die umstrittenen Aussagen in seinem Artikel wieder zurück.

Andere Forscher spekulierten, eine sternenarme Region am Nachthimmel deute vielleicht auf die Existenz eines Nachbaruniversums hin, das mit unserem Universum kurz nach dem Urknall in Verbindung stand. Schwachsinn, urteilten Kollegen prompt. Und Leonard Susskind veröffentlichte einen Artikel über Zeitreisen, zu dem er einen Monat später selbst eine Gegendarstellung ins Netz stellte, nachdem er ein paar Fehler entdeckt hatte: »Der Autor hatte keine Ahnung, wovon er redete«, schrieb er schuldbewusst darin. So funktioniert die älteste aller Wissenschaften im Zeitalter der Postmoderne. Anything goes.

Den Münchner Röntgenastronomen Günther Hasinger erinnert die Situation an die Ziehung der Lottozahlen. »Es gibt ein Riesenspektrum von Ideen zum Multiversum. Die Wahrscheinlichkeit, dass eine davon richtig ist, ist beliebig klein.« Die Theorie des Multiversums erscheint hoch spekulativ, nicht überprüfbar und total unverständlich. Gehört sie deshalb auf den Müllhaufen gescheiterter Theorien? Vielleicht muss sie so sein, um die Physik voranzubringen.

Die Friedensmission der Philosophen

Etwas abseits vom Schlachtfeld stehen Philosophen, Soziologen und Historiker. Sie gleichen UN-Soldaten auf Friedensmission, sie dürfen beobachten, aber nicht schießen (es sei denn zur Selbstverteidigung). Martin Carrier ist einer von ihnen. Er hat eine Biografie über Nikolaus Kopernikus geschrieben und sein halbes Philosophenleben darüber nachgedacht, warum einige physikalische Theorien sich durchsetzen und andere nicht. Die Deutsche Forschungsgemeinschaft verlieh ihm dafür den Leibniz-Preis. Carrier glaubt fest an ein einziges Universum, hält die Theorie des Multiversums aber trotz ihrer bizarren Aussagen für diskussionswürdig.

»Es gab immer wieder Theorien, die anfangs nicht überprüfbar schienen – und dann doch irgendwann große empirische Erfolge erzielten«, sagt er. Zum Beispiel die Allgemeine Relativitätstheorie. »Deren Grundidee, die Geometrisierung der Gravitation, können wir nicht direkt überprüfen. Doch wir messen deren Konsequenzen und glauben daher auch an das Grundprinzip. Wir trauen uns sogar Aussagen darüber zu, was passiert, wenn ein Astronaut in ein Schwarzes Loch fällt – auch wenn wir das empirisch nie werden überprüfen können.«

Oder die Vorstellung von Atomen: Es gab diese Idee seit den alten Griechen, aber erst 1955 gelang es, einzelne Atome direkt abzubilden. Früher eine freche Idee, heute Allgemeinbildung – die Geschichte der Atomhypothese ist ein Lehrstück. Noch um 1900 stritten die Forscher erbittert über die Existenz der kleinsten Teilchen. Im Zentrum der Debatte stand damals die Mikrowelt, aber die Streitfragen waren die gleichen wie heute die Grundfragen zum Multiversum: Wie real sind Dinge (Atome, Parallelwelten), die wir vielleicht niemals beobachten können? Wenn wir sie nicht direkt sehen können, sollten wir dann indirekten Hinweisen trauen? Wenn es nicht einmal indirekte Hinweise gibt, dürfen Wissenschaftler dann trotzdem über sie reden? Wo endet die Physik, wo beginnt die Metaphysik?

Als im 1. Jahrhundert nach Christus die erste Ausgabe von Aristoteles' Schriften erschien, wurden die allgemeinphilosophischen Bände hinter seinen Schriften zur Physik angeordnet. Seitdem ist von Metaphysik die Rede, wenn es um das Fundament der Wirklichkeit geht, die Basis allen Seins (*meta* ist altgriechisch für *jenseits, danach*). Immanuel Kant versuchte in seiner *Kritik der reinen Vernunft* Physik und Metaphysik, Erfahrungswissen und Vernunfterkenntnis miteinander zu versöhnen. Nach ihm gab es zunehmend eine Arbeitsteilung: Physiker machten Physik, Philosophen

Metaphysik. Beide Seiten haben sich wenig zu sagen. Als Lee Smolin den Multiversumspropheten Leonard Susskind ermahnte, dem Philosophen Karl Popper zu folgen, raunzte Susskind: »Gute wissenschaftliche Praxis folgt keinem abstrakten Regelwerk, das uns ein paar Philosophen vorschreiben. Die Naturwissenschaft ist das Pferd, das den Karren der Philosophie zieht. Lasst uns nicht den Karren vors Pferd spannen.«

In turbulenten Zeiten können Physiker allerdings durchaus ins Grübeln kommen. »Philosphierende Physiker tauchen immer dann auf, wenn die Physik interessant und für Physiker zu schwer wird,« schreibt der Philosoph Erhard Scheibe in seinem Buch *Die Philosophie der Physiker*. Zum Leidwesen der hauptamtlichen Philosophen basteln sie sich aber meist ihre eigene Philosophie zusammen. Als Niels Bohr die Quantenphysik mitentwickelte, schreckte er die Fachphilosophen mit seiner verschwurbelt formulierten Weltdeutung. Wolfgang Pauli, auch ein Quantentheoretiker, distanzierte sich von »philosophischen Schulen, deren Namen mit einer Art von ›Ismus‹ enden«. Albert Einstein empfahl eine Mischung aus drei philosophischen Strömungen, die nicht gerade für ein harmonisches Miteinander bekannt sind: Idealismus, Positivismus und Realismus.

Auch in der Debatte ums Multiversum kollidieren heute Ideen aus diesen drei Gedankenwelten. Kein Wunder, dass die Diskussion emotional aufgeladen ist. Es ist, als würden FDP, Linke und CDU eine gemeinsame Partei gründen wollen.

Der Philosoph Friedrich Wilhelm Joseph Ritter von Schelling schaffte es um 1800, die Beziehung von Physikern und Philosophen nachhaltig zu zerrütten. Man könne die Wirklichkeit am besten durch Nachdenken ergründen, glaubte er und stellte die Metaphysik über die Physik. Der wahre Naturforscher macht sich die Hände nicht schmutzig, er sitzt vor dem Kamin im Ohrensessel, legt die Füße hoch und lauscht in sich hinein, da ähnelte der Adelsmann Schelling dem Onkel von Robert Laughlin. Schelling gab gemeinsam mit Hegel eine *Zeitschrift für spekulative Physik* heraus, ihr Programm: Erkenntnis durch Eingebung. Idealismus sagen Philosophen dazu.

Die Naturwissenschaftler reagierten darauf allergisch. Für sie wurde »metaphysisch« im 19. Jahrhundert zum Schimpfwort, gleichbedeutend mit spekulativ, zweifelhaft und unwissenschaftlich. »Sehen Sie sich doch nur bei den heutigen Philosophen um, bei Schelling, Hegel und Consorten«, schrieb der Mathematiker Carl Friedrich Gauß 1844 an einen Freund und beschwerte sich über deren »Verworrenheit in Begriffen« – »stehen Ihnen nicht die Haare bei solchen Definitionen zu Berge?« Und der Wiener Physiker Ludwig Boltzmann wunderte sich öffentlich über den »unklaren, gedankenlosen Wortschwall« in den Schriften von Hegel und hoffte auf die Zeit, da die »Menschheit von der geistigen Migräne, welche man Metaphysik nennt, befreit werden wird«.

Als Erlöser von Metaphysik und Idealismus empfahlen sich die Positivisten, eine Gruppe von Philosophen und Physikern mit Hauptquartier in Wien, die um 1900 einen radikalen Gegenkurs zum Idealismus verfolgte. Ihr Credo: Die Welt ist das, was wir sinnlich erfahren können. Atome und Paralleluniversen haben in dieser Weltanschauung keinen Platz. Nur was man sehen kann, darüber darf man sprechen. Die Wissenschaft sollte sich allein auf Sinneswahrnehmungen stützen und keine unnötigen, metaphysischen Hypothesen über die Welt machen. Ernst Mach, ein älterer Kollege von Ludwig Boltzmann an der Universität Wien, war einer der glühendsten Vertreter des Positivismus. Im Streit um die Existenz von Atomen fragte er seine Kontrahenten stets: »Ham's eins g'sehn?«

Ernst Mach glaubt nur, was er sieht

Mach, ein Professor mit Rauschebart und Nickelbrille, experimentierte oft auf dem Schießplatz und erforschte die Schallwellen von Projektilen und Flugzeugen. Er veröffentlichte aber auch viele Arbeiten über Erkenntnistheorie und Sinnespsychologie, machte Wahlkampf für die Sozialdemokraten und debattierte mit Boltzmann in der Wiener Akademie über die Realität von Atomen. Für Mach zählten nur die unmittelbaren Phänomene, also Messdaten wie der

Druck eines Gases oder die Temperatur einer Flüssigkeit. Theorien über die Welt sollten ökonomisch sein und keine unnötigen Hypothesen postulieren. Das galt im Kleinen wie im Großen, für Atome wie für den Kosmos. »Für das Weltall gibt es keine Zeit«, schrieb Mach, als Physiker damals über ein mögliches Ende des Universums spekulierten. Die Hypothese sei »keine wissenschaftliche Frage«, da man Zeit nur als Beziehung von Teilen des Universums untereinander interpretieren könne, nicht aber für das Universum als Ganzes.

Der Positivismus war konsequent, aber mit seinen Denkverboten nicht besonders beliebt. Boltzmann ließ sich von Mach nicht bekehren. Er bevorzugte einen dritten Weg zwischen Idealismus und Positivismus: den wissenschaftlichen Realismus, bis heute die Lieblingsphilosophie vieler Physiker. Der wissenschaftliche Realist ist davon überzeugt, dass die Wissenschaft eine von der Wahrnehmung unabhängige Wirklichkeit beschreibt. Für Boltzmann waren Atome ebenso real wie Tische und Stühle. Die Physik nähert sich der Wahrheit immer mehr an, ihre Theorien repräsentieren die Wirklichkeit. Irgendwann werden sie die wahre Beschaffenheit der Natur vollständig offenbaren.

Als sein Kollege Josef Loschmidt starb, hielt Boltzmann eine gnadenlos realistische Gedenkrede. Der Leib Loschmidts sei ja nun in Atome zerfallen, sagte er, aber dank Loschmidt wisse man jetzt immerhin, in wie viele. Die Zahl hatte er an die Tafel schreiben lassen: 10^{25}, zehn Quadrillionen. »Diese Zahl ist freilich nur eine runde«, fügte Boltzmann in aller Nüchternheit hinzu, »das kleinste Härchen würde Billionen hinzufügen.«

Am 6. September 1906 erhängte sich Ludwig Boltzmann während der Sommerferien im Alter von 62 Jahren am Fensterkreuz seines Hotelzimmers. Er habe es nicht verkraftet, dass seine Atomhypothese nicht anerkannt wurde, hieß es später. Doch Boltzmann hatte es im Leben auch sonst schwer genug gehabt: Nach dem Tod seines elf Jahre alten Sohnes war er manisch depressiv, litt unter Asthma, Kopfschmerzen und extremer Kurzsichtigkeit.

Kein Geringerer als Albert Einstein verschaffte dem Atomismus den Durchbruch. Ein Jahr vor Boltzmanns Freitod hatte er eine Theorie der Brown'schen Bewegung entwickelt, die als indirekter Beweis für die Existenz von Atomen galt. Ihr zufolge werden die mikroskopischen Zufallsbewegungen von Pollen, die der schottische Botaniker Robert Brown in einer Flüssigkeit beobachtet hatte, durch den Zusammenstoß mit winzigen Teilchen verursacht – eben Atomen oder Molekülen.

Als Ernst Mach 1916 in der Nähe von München starb, hatte noch kein Physiker ein Atom »g'sehn«, aber alle glaubten dran. Einstein erzählte später, er habe Mach 1910 bei ihrem einzigen persönlichen Treffen immerhin das Eingeständnis abringen können, dass unter gewissen Umständen die Annahme von Atomen sinnvoll sein könne.

Und Einstein selbst? War er nun Positivist, Realist oder Idealist? Eine Mischung aus allem.

Der Physiker, sagte Einstein, »erscheint als Realist insofern, als er eine von den Akten der Wahrnehmung unabhängige Welt darzustellen sucht; als Idealist insofern, als er die Begriffe und Theorien als freie Erfindungen des menschlichen Geistes ansieht (nicht logisch ableitbar aus dem empirisch Gegebenen); als Positivist insofern, als er seine Begriffe und Theorien nur insofern für begründet ansieht, als sie eine logische Darstellung der Beziehungen zwischen sinnlichen Erlebnissen liefern«. Einstein hatte für diese Philosophie-Mixtur auch einen Namen: skrupelloser Opportunismus.

Im Jahr 1955 gelang der direkte Nachweis eines Atoms.

Der Physiker Erwin Müller hatte am Fritz-Haber-Institut in Berlin das Feldionenmikroskop erfunden. Damit konnte er in millionenfacher Vergrößerung auf die Oberfläche von Metallen zoomen. Mehrere Jahre lang hatte er das Auflösungsvermögen immer weiter verbessert. Die Mühe wurde belohnt. Als er an einem schwülen Augusttag im Jahr 1955 sein Mikroskop anschaltete, konnte er plötzlich einzelne Atome erkennen. Zum ersten Mal hatte ein Mensch ein Atom gesehen.

Die Bestätigung der Atomhypothese ist ein Musterbeispiel für den Erfolg des wissenschaftlichen Realismus. Aber die moderne Physik macht es dem Realismus nicht gerade einfach. Und das Multiversum ist seine größte Herausforderung.

Vom Teilchen zum Multiversum

Stellen Sie sich vor, Sie lassen ein Klavier aus dem vierten Stock auf ein zweites Klavier am Boden fallen und müssen aus dem Geschepper auf die Existenz der Note Fis schließen. So ungefähr funktioniert die Teilchenphysik.

Teilchenbeschleuniger schießen Atomkerne aufeinander und suchen in den Bruchstücken nach neuen Teilchen. Das Standardmodell der Teilchenphysik enthält 18 Bausteine der Welt, darunter auch die kleinsten Teilchen, Elektronen, Neutrinos und Quarks. Alle normale Materie und Energie der Welt ist aus diesen Bausteinen zusammengesetzt: Atome aus Elektronen und Atomkernen, Atomkerne aus Protonen und Neutronen, Protonen und Neutronen aus jeweils drei Quarks. Kleiner als Quark oder Elektron geht nicht. 17 der Grundbausteine gelten als »entdeckt«, das 18. und letzte Teilchen des Standardmodells soll der weltgrößte Teilchenbeschleuniger *Large Hadron Collider* (LHC) in Genf aufspüren, jene Maschine, die wegen der angeblich drohenden Produktion Schwarzer Minilöcher weltweit Schlagzeilen machte.

Was aber bedeutet es, wenn Physiker auf einer Pressekonferenz verkünden (wie zuletzt 1995), sie hätten das Top-Quark gefunden, das schwerste der sechs Quarks? Das heißt so viel wie: Liebe Öffentlichkeit, wir haben mehrere Jahre lang an einem kilometerlangen Teilchenbeschleuniger Atomkerne aufeinandergeschossen und mit haushohen Detektoren die Trümmerteilchen der Kollisionen gemessen. Wir haben das Top-Quark zwar nicht direkt zu fassen bekommen, aber andere Elementarteilchen wie Elektronen und Myonen nachgewiesen, die durch die Kollision von Top-Quarks entstanden sein könnten. Wir können Ihnen kein Foto vom Top-Quark zeigen, aber Sie müssen uns schon glauben, dass es für Bruchteile von Sekunden wirklich vorhanden war, denn unsere Theorie sagt vorher, welche Spuren das Top-Quark hinterlässt, und wir trauen unserer Theorie, weil wir damit schon so oft richtig lagen. Existiert das Top-Quark wirklich? Ist es so real wie der Mond oder nur eine nützliche Fiktion? Es existiert, sagen die Realisten. Aber bevor sie eine Pressemitteilung über die Entdeckung schreiben, gehen viele Annahmen in die Interpretation der Daten ein, zum Beispiel über die Funktionsweise eines Teilchenbeschleunigers, aber auch über die Gültigkeit der Theorie. Die Physiker brauchen – Metaphysik.

Es ist eben nicht mehr so einfach wie zu Galileis Zeiten, als das reflektierte Licht der Jupitermonde auf direktem Weg durchs Fernrohr ins Auge Galileis gelangte. Andererseits: Macht es einen Unterschied, ob man die Natur durch ein Fernrohr oder durch einen Teilchenbeschleuniger beobachtet? Auch ein Fernrohr kann die Wirklichkeit verfälschen. Als der Astronom Francesco Sizi von Galileis Entdeckung erfuhr, argumentierte er wie ein Positivist: »Die

Monde sind für das bloße Auge unsichtbar und können daher keinen Einfluß auf die Erde haben, wären deshalb nutzlos und existieren also nicht.« Der Astronom Giulio Libri weigerte sich sogar aus Prinzip, durch das Fernrohr zu gucken. Nach Libris Tod spottete Galilei, nun könne Libri endlich die Jupitermonde sehen – auf dem Weg in den Himmel.

Wie wirklich ist nun das Multiversum? Echt wie der Mond? Real wie ein Atom? Selbstverständlich wie das Top-Quark?

Nachdem Einstein die Brown'sche Bewegung mit der Atomhypothese erklärt hatte, war es nur eine Frage der Zeit, bis die Mikroskope genau genug waren, um die Atome auch tatsächlich abzubilden. Robert Brown hätte davon im 19. Jahrhundert nicht zu träumen gewagt. Aber der Fortschritt der Experimentalphysik übertraf die kühnsten Phantasien. Man gewöhnte sich daran, dass bessere Geräte immer mehr Erkenntnis brachten. Auch der Erkenntnisoptimismus der Teilchenphysiker basierte lange Zeit auf der Hoffnung, dass die nächste Maschine noch ein paar Kilometer länger wird und dann das nächste Teilchen entdeckt. Die Wahrheit ist teuer.

Das Multiversum ist anders. Der Beweis für ein Paralleluniversum ist keine technische Herausforderung. Man wird unsere Nachbarwelten auch mit den besten Teleskopen aller Zeiten nicht sehen können. Ein Lichtstrahl kann niemals von einer Welt in die nächste gelangen.

Die Multiversumstheoretiker setzen daher auf einen Indizienprozess. Ihr Argument: Zwar können wir die Paralleluniversen niemals direkt beobachten und auch nicht durch indirekte Hinweise entdecken. Aber wenn eine Multiversumstheorie in unserem eigenen Universum gut mit den Beobachtungen übereinstimmt und darüber hinaus andere Universen vorhersagt, warum sollen wir diese Aussagen über andere Welten nicht ernst nehmen? »Man sollte indirekte Beweise nicht unterschätzen«, sagt Andrei Linde. »So funktioniert unser Rechtssystem. Wenn jemand einen anderen ermordet hat, lässt man zwölf Geschworene darüber entscheiden, ob die Mordhypothese die einzige Erklärung ist.« Würde die Multiversumstheorie zumindest unser Universum erklären, müsse man ihr wohl vertrauen.

Die Multiversumstheorie hat einen großen metaphysischen Überbau, aber das macht sie noch nicht zur Esoterik. »Eine strenge Unterscheidung zwischen Wissenschaft und Metaphysik, wie man sie früher verlangte, macht man heute nicht mehr«, meint der Philosoph Martin Carrier. Es gibt andere Kriterien für die Unterscheidung von guter und schlechter Wissenschaft. Wenn eine neue Theorie zum Beispiel zuvor unverstandene Experimente erklärt oder neuartige Phänomene vorhersagt, schenkt man ihr Vertrauen. Trotzdem gibt es eine Menge Probleme: die Stringtheorie, die den jüngsten Multiversumskrieg ausgelöst hat, passt noch nicht einmal auf unsere eigene Welt, sie hat keine überprüfbaren Konsequenzen für unser Universum. Es gibt also noch gar keinen Mord. Auch die Quantentheorie, die eine Viele-Welten-Deutung parat hält, kann zwar die Welt der Atome hervorragend beschreiben, hat aber noch keine Erfolge in der Beschreibung des gesamten Universums vorzuweisen. »Auf der Grundlage der bisherigen Daten würden die Geschworenen für unschuldig plädieren«, so der Astronom Richard Lieu.

Die Philosophenpolizei stimmt zu. »Die Theoretische Physik und die Experimentalphysik sind gegenwärtig weit auseinandergedriftet«, sagt die Dortmunder Wissenschaftsphilosophin und Ex-Physikerin Brigitte Falkenburg. »Das ist eine neue Situation in der Wissenschaft und vielleicht auch ein Symptom der Krise. Das Konzept des Multiversums ist an der Grenze zur Wissenschaft. Es lässt sich noch mathematisch formulieren, aber es hebt auch schon in Science-Fiction-Bereiche ab.« Naturwissenschaft, wie man sie bisher betrieb, ist das Konzept des Multiversums sicherlich nicht mehr. Aber vielleicht ist das die tiefe Ursache der Krise, dass traditionelle Naturwissenschaft nicht mehr ausreicht, um die Welt als Ganzes zu verstehen. Nur: Was für eine Wissenschaft tritt dann an ihre Stelle?

Die Multiversumsanhänger haben einen Plan B: das sogenannte *anthropische Prinzip*, ein hoch umstrittenes Forschungsprogramm. Das anthropische Prinzip ist der Versuch, aus der Multiversumstheorie eine Theorie zu machen, die *überprüfbare* Vorhersagen macht, wie Physiker das von ihren Theorien gewohnt sind. Einige Wissenschaftler sehen im anthropischen Prinzip das Ende der Physik. Andere einen neuen Anfang.

Das menschelnde Universum

Das anthropische Prinzip wurde 1973 von dem australischen Physiker Brandon Carter ins Spiel gebracht. Carter nahm an einer Konferenz in Krakau zum 500. Geburtstag von Nikolaus Kopernikus teil. Er diskutierte in seinem Vortrag eine der großen Fragen, mit denen sich Naturwissenschaftler seit der Aufklärung herumschlagen: Warum ist das Universum genau so beschaffen, wie es ist? Warum sind die Naturgesetze und Naturkonstanten just so, dass sie die Entstehung von Sternen, Planeten und letztlich auch Leben ermöglichen? Würden manche Naturkonstanten wie die Gravitationskonstante oder die Expansionsgeschwindigkeit des Alls nur um wenige Promille bis Prozent von ihren Werten abweichen, hätten sich nach dem Urknall niemals Atome, geschweige denn Sterne und Planeten bilden können. Es scheint, als wäre das Universum für unser Dasein justiert worden. Kosmisches Feintuning.

Und das war vor Jahrhunderten auch die naheliegende Antwort auf das Rätsel unserer Existenz: Gott hat es halt so eingerichtet. Keine befriedigende Option für einen Naturwissenschaftler.

Carter formulierte in Krakau eine andere Erklärung: Selbstverständlich erscheint das Universum wie geschaffen für uns. Es muss so sein, denn andernfalls würden wir gar nicht existieren, um uns über unsere Existenz zu wundern. Wäre die Kraft der Dunklen Energie stärker als in unserem Universum, hätte sich der Raum viel zu schnell ausgedehnt, es hätte nach dem Urknall keine Gaswolken gegeben, die zu Galaxien und Sternen zusammenklumpen. Keine Sterne, keine Planeten, keine Lebewesen. Jedes Universum dagegen, das intelligentes Leben hervorbringt, muss den Beobachtern zwangsläufig wie maßgeschneidert erscheinen. Carter sprach vom »anthropischen« Prinzip (von griechisch *anthropos* für Mensch), weil es die Eigenschaften des Universums mit der Existenz eines bewussten Beobachters verknüpft.

Seit Carters Vortrag streiten Physiker und Philosophen, ob das anthropische Prinzip eine Banalität, ein Religionsersatz oder eben doch ein wertvolles Forschungsprinzip ist (mehr dazu in Kapitel 14). Nachdem Physiker und Philosophen immer mehr Abwandlungen des anthropischen Prinzips diskutierten, fügte ein Witzbold noch das *Completely ridiculous anthropic principle* hinzu, kurz *Crap* (englisch für Mist). Er traf die Stimmung. Vielen Wissenschaftlern menschelt das anthropische Prinzip zu sehr.

Der Kosmologe Andrei Linde erinnert sich, dass das »A-Wort« lange Zeit tabu war. »In den Achtziger- und Neunzigerjahren waren wir eine absolute Minderheit«, sagt Linde. Als er vor Teilchenphysikern in Chicago einen Vortrag über das anthropische Prinzip halten wollte, warnten ihn die Veranstalter: »Solche Leute bewerfen wir mit Eiern.« Heute klatschen die Zuhörer nach Lindes Vorträgen. Die Erkenntnis, dass die Stringtheorie womöglich mehr als 10^{500} unterschiedliche Universen beschreibt, hat dem anthropischen Prinzip eine neue Fangemeinde verschafft, aber auch neue Kritiker.

Seit dem Jahr 2000 sind in der Internetbibliothek der Physiker *arxiv.org* mehr als 200 Artikel erschienen, die das anthropische Prinzip erwähnen. Vielleicht, so hoffen Multiversumsanhänger, könne das anthropische Prinzip helfen, in der unüberschaubaren Vielzahl von Universen diejenigen zu finden, in denen Leben möglich ist. Und dann ist es vielleicht doch möglich, aus der Multiversumstheorie konkrete Vorhersagen für unser Universum abzuleiten, wie Kritiker fordern, zum Beispiel für die genaue Expansionsgeschwindigkeit des Weltalls oder die Zusammensetzung des Kosmos.

Die Herausforderung besteht darin, unter den 10^{500} Lösungen der Stringtheorie jene zu finden, die genau unser Universum beschreibt. Das wäre ein Anfang. Dann könnte man wenigstens mit dieser Weltformel mal unser Universum berechnen und mit der Wirklichkeit vergleichen. Das Problem: Selbst wenn alle Physiker dieser Welt im Zehnsekundentakt aus einer Weltformel ein Universum berechnen könnten, würde die Zeitspanne vom Urknall bis heute nicht ausreichen, alle 10^{500} Lösungen durchzuprobieren und die passende Lösung für unser Universum zu finden. Und hier kommt das anthropische Prinzip ins Spiel: Wissenschaftler wie Andrei Linde, Alexander Vilenkin und Leonard Susskind hoffen, mithilfe dieses Prinzips die Suche einzugrenzen. Die Idee: Man berechne, mit welchen Naturkonstanten und Naturgesetzen ein Universum überhaupt Atome, Sterne, Planeten und letztlich Leben hervorbringen kann. Dann suche man in den 10^{500} Lösungen der Stringtheorie jene Untergruppe von »anthropisch akzeptablen« Welten

(Susskind), in denen die Naturgesetze und Naturkonstanten Leben ermöglichen. Man muss nicht mehr jede einzelne Weltformel ausprobieren, so die Hoffnung, sondern kann irgendwie ganze Klassen von Welten selektieren oder ausschließen. Das anthropische Prinzip wäre somit eine Hilfe, die überwältigende Zahl möglicher Welten statistisch in den Griff zu bekommen.

»Das anthropische Prinzip ist ein effizientes Werkzeug, die meisten Lösungen als Kandidaten für unser Universum auszuschließen«, sagt Susskind. Aber er warnt auch vor überzogenen Erwartungen. »Es wird uns nicht helfen vorherzusagen, in welchem [der lebensfreundlichen Universen] wir leben.« Susskinds Kollege Andrei Linde stimmt zu: »Das anthropische Prinzip ist keine Universalwaffe, aber ein universelles Werkzeug. Man kann es lieben oder hassen, aber ich wette, dass es eines Tages jeder benutzen wird.« Auch Stephen Hawking sympathisiert mit dem anthropischen Prinzip: »Man braucht es, um aus dem ganzen Zoo möglicher Lösungen der Stringtheorie diejenige herauszupicken, die unser Universum darstellt«, verkündete er. Susskind frohlockte: Endlich seien Hawking und er mal einer Meinung.

Die Kritik ließ nicht lange auf sich warten. Das anthropische Prinzip »darf nur der allerletzte Ausweg sein«, warnt der Erfinder der Inflationstheorie Alan Guth. »Der Traum, das Universum allein aus logischer Deduktion zu verstehen, wäre damit geplatzt.« Lawrence Krauss prophezeit: »Das anthropische Prinzip ist etwas, mit dem Physiker herumspielen, solange sie keine Theorie für Alles haben. Sie werden es fallen lassen wie eine heiße Kartoffel, sobald eine solche Theorie in Sicht ist.« Den Stringtheoretiker Gabriele Veneziano erinnert das anthropische Prinzip an den Betrunkenen, der seinen Schlüssel nachts unter der Straßenlaterne sucht, weil es dort heller ist, obwohl er ihn ganz woanders verloren hat. Nobelpreisträger David Gross will gar nicht diskutieren: »Ich hasse das«, sagt er über anthropische Argumente. »Die Stringtheoretiker sind, wie auch ich, frustriert von unserer Unfähigkeit, nach all den Jahren noch so wenig vorhersagen zu können. Aber das ist keine Entschuldigung für solch bizarre Wissenschaft. Das ist ein gefährliches Geschäft.«

In Deckung. Es wird wieder geschossen.

Der Philosoph Reiner Hedrich von der Universität Dortmund hat den Multiversumskrieg lange Zeit beobachtet. Seine vierhundertseitige Studie *Von der Physik zur Metaphysik* steht nun in den Regalen der Universitätsbibliotheken. Wer den Philosophen anruft, hört klassische Musik im Hintergrund. Hedrich sagt: »Die Theorie vom Multiversum ist vernünftig in ihrer Logik, aber nicht vernünftig genug, um Wissenschaft zu sein.« Das Forschungsprogramm erinnert ihn an das der Vorsokratiker im alten Griechenland: Es sei »ein metaphysisches Nachdenken über die Natur«, und die Stringtheorie sei »mathematisch inspirierte Naturmetaphysik«. 2500 Jahre, nachdem die alten Griechen das Universum ohne Rückgriff auf die Götter zu deuten versuchten, scheint die Wissenschaft damit wieder an ihren Anfang zurückgekehrt zu sein.

Hedrich sieht darin Anzeichen für ein grundsätzliches Problem: »Vielleicht hat man nicht einfach nur die falsche Abzweigung auf einem an sich richtigen Weg genommen, sondern vielleicht ist der Weg, den das Vereinheitlichungsprogramm der Physik vorzeichnet, schlicht der falsche Weg. Vielleicht bildet die Natur keine Einheit – nicht einmal auf ihrer fundamentalsten Ebene. Vielleicht ist aber auch schon die Idee einer fundamentalsten Ebene der Natur schlichtweg unangemessen.«

Vielleicht. Vielleicht aber auch nicht. Wie es weitergehen soll, wissen jedenfalls auch die Philosophen nicht. Egal was passiert – nicht aufgeben, empfiehlt Hedrich. »Solange keiner eine bessere Idee hat, muss man es so weiter versuchen.«

12 Multiversum für Fortgeschrittene

Ich will dir sagen, wieso du hier bist. Du bist hier, weil du etwas weißt. Etwas, das du nicht erklären kannst. Aber du fühlst es. Du fühlst es schon dein ganzes Leben lang, dass mit der Welt etwas nicht stimmt. Du weißt nicht was, aber es ist da. Wie ein Splitter in deinem Kopf, der dich verrückt macht. Dieses Gefühl hat dich zu mir geführt.

Morpheus spricht zu Neo im Film Matrix, 1999

Das Multiversum ist ein Paradies für denkfaule Physiker. Das große Rätsel der Physik – Warum ist die Welt so und nicht anders? – löst sich darin in Wohlgefallen auf: Die Welt ist so, *und* sie ist anders, auf jede nur erdenkliche Art und Weise. Wir sehen unsere Nische im Multiversum genau so, wie sie ist, weil sie so sein muss, damit wir in ihr leben und sie sehen können. Wäre sie anders, wären wir nicht hier, um Fragen zu stellen. Das ist das anthropische Prinzip.

Es scheint kein schlechter Deal zu sein: Zwar werden die Welten mehr. Aber dafür wird das Weltbild einfacher. Die vielen Universen füllen das, was vorher wie eine Erklärungslücke der Theorie aussah. Die Viele-Welten-Deutung der Quantenphysik sagt, dass alles wirklich ist, was die Quantentheorie erlaubt. Im kosmologischen Multiversum gibt dagegen die Stringtheorie die Regeln vor.

Aber ist das schon des Rätsels Lösung – oder nur seine Verschiebung? Wer sagt denn, dass Quantentheorie oder Stringtheorie die richtigen Rahmenbedingungen liefern? Das alte Rätsel um die Beschaffenheit der Welt wird nur ein bisschen größer: Warum ist das Multiversum so und nicht anders?

Die radikale Lösung ist, die Frage für sinnlos zu erklären: Das Multiversum hat keinen theoretischen Rahmen – so wie der Weltraum keinen Rand hat. Nicht die Quantentheorie, nicht die Stringtheorie, nicht die ewige Inflation sind die Schablonen für die Paralleluniversen, sondern nur noch Logik. Alles, was logisch ist, existiert.

Man darf diese Antwort mit Skepsis betrachten, denn auch mit der Weltenvielfalt kann man es übertreiben. Aber eigentlich ist es ein natürlicher Gedanke. Wenn es schlechthin alle möglichen Welten tatsächlich gibt, erledigt sich die Frage, welche Welten es gibt und welche nicht. String- und Quantentheorie mögen auf unseren Winkel des Multiversums zutreffen, aber wer weiß, in anderen Gegenden können ganz andere fundamentale Theorien gelten. Niemand braucht mehr nach der Mutter aller Theorien zu suchen, wenn zu jeder mathematischen Formel eine Welt existiert. Wenn schon, denn schon. Hat Wissenschaft dann überhaupt noch einen Sinn?

Der radikale Schwede

Selbst unter Multiversen-Fans gibt es wenige, die diesen letzten Schritt wagen. Der schwedisch-amerikanische Kosmologe Max Tegmark gehört zu ihnen. Er glaubt an die Idee der »mathematischen Demokratie«: Jedes Universum, das von einer mathematischen Gleichung beschrieben wird, existiert. »Mathematische Existenz ist dasselbe wie physikalische Existenz«, sagt Tegmark. Anything goes. Das ist Level-IV, die höchste Schwierigkeitsstufe in unserem Computerspiel der Multiversen.

Wenn die üblichen Multiversumstheorien verwegen sind, dann ist das mathematische Multiversum halsbrecherische Spekulation. »Was wäre, wenn die Zeit nicht stetig, sondern in abgehackten Sprüngen läuft?«, fragt Tegmark. »Oder wie wäre es mit einem Universum, das einfach ein leeres Dodekaeder ist?«

Tegmark weiß, wie weit er sich mit solchen Gedankenspielen von der etablierten Kosmologie entfernt. Querdenken, das war schon immer sein Stil. In der Schule hatte er einen Freund, der grundsätzlich alles anders machte. Wenn alle rechteckige Briefumschläge benutzten, bastelte dieser sich dreieckige. »Ich wollte sein wie er«, sagt Tegmark. Aber das war gar nicht so einfach. Als Student sei er ziemlich desorientiert gewesen. Zuerst studierte er Wirtschaftswissenschaften in Schweden. Dann bekam er die Bücher des amerikanischen Physikgenies und Entertainers Richard Feynman in die Hände. »Es ging darum, wie man Schlösser auf- und Frauen rumkriegt«, sagt Tegmark, »und zwischen den Zeilen war die Botschaft ›Ich liebe Physik‹.« Er hatte sein Metier gefunden.

Nur das mit dem Anderssein klappte nicht auf Anhieb. Tegmark schrieb einen Fachartikel über das mathematische Multiversum, aber aus Sorge, damit anzuecken, hielt er ihn zurück, bis er eine Postdoc-Stelle an der Princeton University bekam. Dann schickte er das Manuskript an die Redaktionen. Drei Zeitschriften lehnten es ab. Schließlich versuchte er es bei den *Annals of Physics*. Diesmal sprach sich immerhin der Gutachter, den die Redaktion um Rat gefragt hatte, für die Veröffentlichung aus, aber die Herausgeber wollten es trotzdem nicht drucken. »Es war ihnen zu spekulativ«, erzählt Tegmark. Daraufhin schaltete sich John Wheeler ein, Tegmarks Lehrer in Princeton und eine Eminenz der Physik. In den Fünfzigerjahren hatte Wheeler schon seinem Doktoranden Hugh Everett geholfen, dessen extravagante Viele-Welten-Deutung der Quantenphysik unter die Fachleute zu bringen. Und auch diesmal hatte seine Stimme Gewicht. Die Herausgeber ließen sich umstimmen und veröffentlichten Tegmarks Artikel.

Seiner Karriere hatte Tegmark damit nicht geholfen. Ein älterer Kollege warnte ihn, er würde mit solchen Spinnereien seinen Ruf aufs Spiel setzen. Also gewöhnte er sich das an, was er in Anlehnung an die Erzählung vom Doppelleben eines Londoner Arztes seine »Dr-Jekyll-und-Mr-Hyde-Strategie« nennt: Immer wenn der nächste Karriereschritt ansteht, stellt er seine konventionellen Arbeiten – die Analyse von Satellitenbeobachtungen für die Astronomie – in den Vordergrund und hält seine Leidenschaft fürs Philosophische dezent zurück. Schließlich bekam er eine Professur am Massachusetts Institute of Technology. Viel höher geht es nicht in einem Physikerleben. Jetzt hält »Mad Max« Tegmark Vorlesungen über Relativitätstheorie singend und mit Gitarrenbegleitung. Auf seiner Webseite zeigt er seine Hochzeitsfotos und dokumentiert eine Mäusejagd im eigenen Haus. Und er spricht wieder offen über das mathematische Multiversum.

Matrix – nicht nur in Hollywood

Auf den ersten Blick scheint das mathematische Multiversum kein wesentlicher Fortschritt zu sein, sondern nur eine weitere Verschiebung. Vorher lieferte die eine oder andere physikalische Theorie die Blaupause für das Multiversum, jetzt tut es eben die Mathematik. Aber da ist ein wichtiger

Unterschied: Mathematische Sätze sind absolut in einem Sinn, in dem es physikalische Theorien niemals sein können. Ob sie wahr oder falsch sind, erkennt man, indem man sie beweist oder widerlegt. Kein Labor, kein Messinstrument hilft da weiter. Dafür ist ein einmal bewiesener Satz für immer unabänderlich als wahr erkannt, während keine Macht der Welt einen einmal widerlegten Satz wahr machen kann.

Die Mathematik ist ein würdiger Rahmen für ein allumfassendes Weltbild. Ihre Wahrheiten sind ewig. Und sie gelten garantiert bis in die hintersten Winkel des Multiversums. Wenn wir irgendwann Kontakt zu außerirdischen Lebensformen aufnehmen, dann müssen wir mit allen möglichen Verständigungsschwierigkeiten rechnen: Die anderen könnten viel schlauer sein als wir oder viel dümmer, völlig andere Umgangsformen pflegen, und ob sie Naturforschung betreiben, wie wir sie verstehen, kann niemand vorhersagen. Aber auf ein Gesprächsthema wäre Verlass: »Die sicherste gemeinsame Kultur wäre die Mathematik«, sagt der Astronom Sir Martin Rees.

Und noch etwas prädestiniert die Mathematik als universelle Sprache: ihre »unerklärliche Effektivität« in der Naturbeschreibung, wie es der amerikanische Physik-Nobelpreisträger Eugene Wigner formulierte. Obwohl die Mathematik ein ziemlich weltfremdes Unternehmen ist, erweisen sich die Gedankenkonstrukte, die die Mathematiker in ihren Studierstübchen austüfteln, immer wieder als wie geschaffen dafür, das Durcheinander in der Welt zu ordnen. Die Mathematik ist der Physik so hilfreich, dass es Wigner verdächtig vorkam. »Ein Wunder«, staunte er.

Wenn Max Tegmark recht hat, dann ist dies kein Wunder, dann ist die Natur Mathematik. Tegmark ist nicht der Erste, der solche Gedanken hatte. *Alles ist Zahl*, glaubten die Pythagoreer, eine Clique von Philosophen, die sich im 6. Jahrhundert vor Christus in Süditalien zusammengefunden hatte. Was genau sie sich dabei dachten, ist umstritten. Sicher ist, dass sie die Zahlen als Grundlage der materiellen Welt betrachteten – vielleicht als Bausteine, vielleicht als Ordnungsprinzip.

Auch unter den heutigen Gelehrten gibt es welche, die den Lauf der Welt als mathematischen Prozess betrachten. Der Philosoph Nick Bostrom gehört zu ihnen. Er hält es für wahrscheinlich, dass unsere Welt in Wirklichkeit eine Computersimulation ist, die auf dem Rechner einer hochentwickelten Zivilisation läuft.

Bostrom hat manches mit Tegmark gemeinsam. Auch er stammt aus Schweden, auch er war ein überragender Schüler, aber alles andere als ein Streber. Er versuchte sich als Maler, als Dichter und als Komödiant in London, studierte neben Philosophie auch ein bisschen Physik, Logik, Neurowissenschaft und beschäftigte sich mit Künstlicher Intelligenz. Jetzt hat er eine Professur an der Oxford University – und lebt den Mr Hyde in sich voll aus. Als einer der Vordenker des Transhumanismus setzt er sich dafür ein, die natürlichen Beschränkungen der menschlichen Art mit technischen Mitteln zu überwinden. Er will unsere Körper mit Roboterprothesen ausrüsten, in Kälteschlaf versetzen, bis das Goldene Zeitalter kommt, und unsere Seelen in Computer überspielen.

Bostrom hält es für wahrscheinlich, dass wir alle in einer riesigen Computersimulation leben. Wenn das stimmt, dann besteht alles um uns herum aus Bits und Bytes. Dieses Buch. Sonne, Mond und Sterne. Die Menschen, die wir lieben, und wir selbst. Wie könnten wir es merken? Würden wir bei näherem Hinsehen einen Tanz von Nullen und Einsen erkennen? Wohl kaum, denn wir sehen nicht die Software, sondern das, was sie simuliert. Der Hollywood-Film *Matrix* zeigte im Jahr 1999, wie uns ein Computerprogramm eine falsche Wirklichkeit vorgaukeln kann. Er entwirft das Schreckensszenario einer Menschheit, die von ihren eigenen Maschinengeschöpfen in einer Scheinwelt gefangen gehalten wird. Wenn die Simulation gut programmiert ist, gibt es kein Entrinnen.

Im Aquarium der Superintelligenz

Aber vielleicht gibt es andere Möglichkeiten herauszufinden, ob wir Spielfiguren eines Computerprogramms sind. Auch die besten Software-Entwickler machen Fehler, auch die Rechenleistung der stärksten Computer hat Grenzen. Wenn schon die vergleichsweise bescheidenen Programme von Microsoft und Konsorten manchmal hängen bleiben, dann ist dies in der Simulation einer so komplizierten Welt wie unserer, samt jedem Sonnenglitzern auf den Meeren von Abermilliarden Planeten, erst recht zu erwarten. Vielleicht ruckelt der Weltlauf hin und wieder, wenn der Prozessor gerade überfordert ist. Vielleicht wechseln die Naturgesetze, wenn die Superprogrammierer ein Software-Update aufspielen.

Es gibt Hinweise darauf, dass Naturgesetze tatsächlich veränderlich sind: Die sogenannte Feinstrukturkonstante, eine Naturkonstante, die entscheidend für die Stabilität der Atome ist, könnte seit dem Urknall um ein paar Millionstel geschwankt haben. Das lesen Astrophysiker aus dem uralten Licht ferner Himmelskörper. Mussten da die Superprogrammierer einen Tippfehler ausbessern?

Für eine weit fortgeschrittene Zivilisation wäre es jedenfalls ein Leichtes, eine solche Simulation zu programmieren, glaubt Bostrom. Weil er zuversichtlich ist, dass die Menschheit selbst einst so weit kommen wird, geht er auch davon aus, dass es mehr solche Simulationen als echte Zivilisationen gibt. Viel mehr. Mit fast hundertprozentiger

Wahrscheinlichkeit sind wir eine Simulation, kein Original. Gut möglich, dass unser Universum wie ein Aquarium das Wohnzimmer einer superintelligenten Alienfamilie ziert. Was soll's, sagt Bostrom, das ändert sowieso nichts für uns. Aber es erklärt, warum uns die Welt so mathematisch vorkommt.

Die Konzepte der zwei Schweden Tegmark und Bostrom fügen sich also bestens zusammen. »Computerberechnungen sind nur eine spezielle Form von mathematischen Strukturen«, sagt Tegmark. Die Simulation, die uns hervorbringt, müsse nicht mal unbedingt von einem Computer ausgeführt werden. Die bloße Möglichkeit genügt. »Würde

eine Simulation irgendwie ›mehr‹ existieren, wenn sie zusätzlich auf einem Computer läuft?«, fragt er. Vielleicht sind wir rein potenzielle Wesen, die auf einer potenziellen Erde ein potenzielles Leben führen. Ein verstörender Gedanke.

Das mathematische Multiversum ist die Viele-Welten-Idee bis zu ihrem Endpunkt gedacht. Jetzt gibt es alles, was es geben kann. Die Erklärungslücken, die jede physikalische Theorie zwangsläufig lässt, sind geschlossen. »Ein unendlich intelligenter Mathematiker könnte alle Eigenschaften des Multiversums ableiten«, sagt Tegmark.

Damit sind wir Menschen aus dem Rennen, denn unendlich intelligent sind wir nicht. Im Gegenteil, wir sind durch und durch endliche Wesen. Zwar können wir mit unseren mathematischen Theorien das Unendliche beschreiben, aber die Theorien selbst haben immer eine endliche Form: Sie bestehen aus endlich vielen Aussagen, aus endlich vielen Zeichen. Das ist zu wenig für das mathematische Multiversum. Der österreichische Mathematiker Kurt Gödel bewies 1931 seinen berühmten Unvollständigkeitssatz, einen Meilenstein der menschlichen Geistesgeschichte: Wir werden mit unseren formalen Mitteln die mathematische Wahrheit niemals ganz erfassen können. Es ist wie mit Hase und Igel, sobald die Mathematiker eine Theorie formuliert haben, lässt sich mit Gödels Unvollständigkeitssatz eine Aussage konstruieren, die wahr ist, aber über die Theorie hinausgeht. Ergänzt man die Theorie entsprechend, liefert Gödels Methode eine neue Aussage, die über die erweiterte Theorie hinausgeht. Im mathematischen Multiversum können endliche Wesen niemals eine endgültige Theorie finden.

Die Welt der sprechenden Esel

Wenn es um andere Welten geht, dann geht es immer um die Frage »Was gibt es alles?«, also um das Wesen der Existenz. Was wir nicht irgendwie beobachten können, existiert nicht, lautet die fundamentalistische – Philosophen sagen: positivistische – Antwort. Für radikale Positivisten endet die Welt am kosmischen Horizont. Weiter können wir nicht sehen, und was wir nicht sehen können, darüber reden wir nicht. Tegmarks mathematisches Multiversum ist die liberale Gegenposition: Was wir nicht widerlegen können, existiert. Auch sie hat Tradition in der Philosophie. Platon vertrat sie, er postulierte ein Reich der Ideen außerhalb von Raum und Zeit, das alles beherbergt, was wir uns denken können. Platons Vorstellung gefällt vielen Mathematikern. Sie sind überzeugt, sich bei ihrer Arbeit mit etwas Wirklichem zu beschäftigen. Zwar kann man die Zahl 28736 oder den Kreis mit Radius 1 nicht sehen oder anfassen. Man kann ihre Eigenschaften aber mit dem geistigen Auge erkennen – genau das ist Mathematik. Auf ihre Art existieren sie irgendwo da draußen, unabhängig von uns Menschen.

Ähnlich großzügig in Seinsfragen war um das Jahr 1900 der österreichische Philosoph Alexius Meinong, Ritter von Handschuchsheim. In seiner Gegenstandstheorie vertrat er die Auffassung, dass auch erfundene Dinge und Personen ein Dasein führen. Meinong wollte nicht so weit gehen, ihnen eine Existenz zuzugestehen. Aber irgendwie gibt es sie doch. Sie »bestehen«, sagte er. Zum Beispiel kann man vom fiktiven Zauberlehrling Harry Potter behaupten oder bestreiten, dass er in London lebt – wie von einem tatsächlich lebenden Menschen.

Ein Jahrhundert später ging der amerikanische Philosoph David Lewis noch ein Stück weiter. Er machte den

Schritt, den Meinong gescheut hatte: Es gibt diese anderen Dinge und Personen genauso wie das Inventar unserer Welt, meinte Lewis. Nur gibt es sie eben in anderen Welten. Sich selbst nannte Lewis einen »modalen Realisten«. Alles was möglicherweise (modal) existiert, existiere wirklich (real), behauptete er. »Es gibt unzählige andere Welten«, schrieb er in seinem Buch *On the Plurality of Worlds*, »sie sind ein bisschen wie ferne Planeten, nur dass die meisten von ihnen viel größer sind als bloße Planeten, und sie sind weder fern noch nah. Sie sind isoliert. Es gibt keine räumlichen oder zeitlichen Beziehungen zwischen Dingen, die verschiedenen Welten angehören.«

»Ungläubiges Starren« registrierte Lewis meist im Publikum, wenn er seine großzügige Weltsicht darlegte, »aber kaum Gegenargumente«. Wieso sollte man an all diese Welten glauben? »Weil es nützlich ist«, sagte Lewis, »und weil es Gründe gibt, daran zu glauben.« Diese Gründe hörte Lewis in dem, was wir Tag für Tag von uns geben: Unser Reden über Existenz, Möglichkeit, Ursache und Wirkung sei nur in einem radikal großzügig ausgestatteten Multiversum zu verstehen, meinte er. Schon in einem Satz wie »Einhörner existieren nicht« erkannte der Philosoph einen Hinweis auf andere Welten. Damit dieser Satz überhaupt sinnvoll sei, müsse sich der Ausdruck »Einhörner« auf irgendetwas beziehen. Irgendwo müsse es also Einhörner geben, wenn nicht in unserer Welt, dann in anderen Welten. Schlechthin alles Mögliche geschieht irgendwo in Lewis' Weltenvielfalt. Manche seiner Welten sind so fremdartig, dass sie nicht einmal mit unserer Sprache zu beschreiben sind.

Lewis war kein besonders zugänglicher Zeitgenosse. Er verachtete Small Talk und irritierte neue Bekanntschaften damit, alles wörtlich zu nehmen. Auch sein Hobby war ein Beitrag zum Multiversum: Bei ihm zu Hause fuhr eine Modelleisenbahn durch eine bis ins Detail durchdachte Miniaturlandschaft, eine selbst gebastelte mögliche Welt. Der knorrige Denker galt zeit seines Lebens als ein »Philosoph für Philosophen« – seine Theorie als zu versponnen, um von Laien verstanden zu werden. Unter seinen Fachkollegen hatte Lewis viele Bewunderer, aber wenige Anhänger. 2001 erlag er einem Herzinfarkt. Als »den größten systematischen Metaphysiker seit Leibniz« betrauerte ihn Mark Johnston, sein Kollege an der Princeton University. »Er glaubte zum Beispiel, dass es eine Welt mit sprechenden Eseln gibt«, schrieb die *New York Times* in ihrem Nachruf.

In den Jahren nach seinem Tod fiel ein anderes Licht auf Lewis' Theorie. Aus Physik, Kosmologie und Philosophie flossen die Viele-Welten-Ideen zusammen. Max Tegmark betrachtet seine eigene Multiversumstheorie als »mathematische Fassung von Lewis' modalem Realismus«. Aus ganz verschiedenen Richtungen waren Lewis und Tegmark auf denselben Weltenpluralismus gekommen: Nur noch die reine Logik setzt den Welten Grenzen. Solch ein Multiversum wäre nicht nur für Physiker ein Paradies, sondern auch für Mathematiker und Philosophen.

Vielleicht ist es zu paradiesisch, um wahr zu sein. Es ist noch nicht endgültig geklärt, ob Tegmarks mathematisches Multiversum ein schlüssiges Konzept ist oder nicht doch versteckte Widersprüche enthält – es wäre nicht das erste Gedankenkonstrukt, das den Mathematikern kollabiert. Das Paradies ist bisher nicht mehr als eine Verheißung.

13 Vom Sinn des Lebens in vielen Welten

Und wieder begannen die Verzweigungen. Gene Trimble dachte an Universen parallel zu diesem, und in jedem ein paralleler Gene Trimble. Manche waren früher gegangen. Manche rechtzeitig und waren jetzt unterwegs nach Hause zum Abendessen, im Kino, in einer Stripshow oder rasten zum nächsten Todesfall. Sie strömten in all ihrer Vielzahl aus den Polizeipräsidien, während eine Vielzahl von Trimbles zurückblieb. Jeder von ihnen versuchte, für sich allein mit der endlosen, unerklärlichen Folge von Selbstmorden in der Stadt zurechtzukommen.

Larry Niven, All the Myriad Ways, 1968

Weltbilder gibt es! Da ist zum Beispiel die Hohlweltlehre, nach der wir im Innern einer Hohlkugel leben. Der amerikanische Arzt Cyrus Teed erfand sie im 19. Jahrhundert. Er stülpte die Welt um: Was vorher unser Heimatplanet Erde war, wurde zum Rand des Kosmos. Sonne, Mond und Sterne ziehen ihre Bahnen im Inneren der hohlen Erde. Die Vertreter der Hohlweltlehre haben so raffinierte Gesetze der Lichtablenkung und Längenverkürzung ausgeklügelt, dass ihr Weltbild zwar umständlich, aber kaum zu widerlegen ist.

An der Hohlwelttheorie stimmt immerhin, dass die Erde rund ist. Die Mitglieder der Flat-Earth-Society bestreiten auch dies. Sie sind überzeugt, dass wir auf einer Scheibe leben, der Nordpol als Mittelpunkt, am Außenrand ein Ring aus Eis. Der Bibel entnehmen sie, dass die Erde flach sein muss, und schimpfen auf die »Globularisten«, die den wahren Glauben mit gefälschten Fotos vom Erdball aus dem All untergraben.

Manche Menschen glauben eben, was sie wollen. Die Wirklichkeit da draußen ist Nebensache, nicht nur für ein paar Exzentriker: Mehr als 450 Jahre, nachdem Nikolaus Kopernikus die Sonne ins Zentrum der Welt setzte, kreuzt ein beständiger Anteil der Deutschen – zwischen einem Sechstel und einem Viertel – in Umfragen an, die Sonne kreise um die Erde. In anderen Industrieländern ist die Quote ähnlich hoch. Sie sind vermutlich keine überzeugten Geozentriker. Ihnen ist es einfach egal, was sich da um was dreht, ob die Erde rund ist und ob wir auf ihrer Außenseite wohnen oder innen. Es lässt sich offenbar gut leben ohne Weltbild, oder mit einem schiefen, auch im 21. Jahrhundert. Warum auch nicht? Was würde sich ändern, wenn die Sonne um die Erde kreiste?

Jetzt steht die nächste Weltbildreform an, und mit ihr wiederum die Frage: Wen interessiert es, außer ein paar Hundert Kosmologen? Diesmal wird nicht nur das Sonnensystem neu geordnet, das Universum vergrößert oder ein Anfang der Welt eingeführt, diesmal sind sogar Doppelgänger mit im Spiel. Na und, könnte man sagen, was kümmert mich eine Kopie von mir, die in unvorstellbarer Entfernung meine Traumfrau kriegt, im Lotto gewinnt und sich beim Skifahren nicht die Bänder reißt? Unser Alltagsleben geht unverändert weiter, egal was sich in anderen Universen tummelt.

Aber Hand auf's Herz: Die Vorstellung, dass jeder von

uns da draußen in unzähligen Versionen lebt, kann doch niemanden kalt lassen. Wer auf unserer Erde stirbt, lebt auf irgendeiner anderen Erde weiter, mit den gleichen Gedanken, Gefühlen und Erinnerungen – und wieder anderswo mit etwas anderen. Er tut alles in allen Variationen, unendlich oft und immer wieder. Es ist das größte denkbare Identitätsproblem. Irgendwo da draußen begeht ein Doppelgänger gerade einen schrecklichen Mord. Ein anderer hatte letztes Jahr eine geniale Geschäftsidee und ist jetzt reichster Mann der Erde – seiner Erde.

Jetzt geht es auch um Sie. Darum, wie oft es Sie gibt. Was passiert, wenn Sie Entscheidungen treffen. Was es bedeutet, Glück oder Pech zu haben. Es ist eine der erstaunlichsten Thesen der modernen Wissenschaft, dass beides zusammenhängt: das Schicksal des Kosmos und das Schicksal jedes einzelnen Menschen.

Zwar werden die wenigsten ihr Leben umkrempeln, wenn sich herausstellt, dass es wirklich andere Welten gibt. Gleichwohl ist diese Weltbildreform groß genug für eine neue Weltanschauung, vielleicht sogar für ein neues Lebensgefühl. Wir werden im Alltag nicht in jeder Minute an Parallelwelten denken. Aber Christen denken auch nicht permanent an Gott.

Tatsächlich kann der Glaube an Paralleluniversen eine geradezu religiöse Wirkung haben. Es hat etwas Tröstliches, wenn alles, was geschehen kann, auch geschieht. Das Leben verliert seine Zufälligkeit. Wenn es dumm für uns läuft, dann läuft es anderswo im Multiversum besser für unsere Pendants. All die verpassten Chancen – irgendwo nutzen wir jede von ihnen.

Manche Forscher, die an das Multiversum glauben, beobachten so etwas schon jetzt an sich. »Ich war ziemlich genervt, als ich eine 144-Dollar-Strafe für ungenügendes Schneeschaufeln bekam«, erzählt etwa Max Tegmark. »Erst dachte ich: Da hab ich eben Pech gehabt. Aber dann verstand ich, dass es nicht sinnvoll ist, über Glück oder Pech zu reden, wenn ich in einem anderen Universum keine Geldstrafe kriege. Ich war immer noch angepisst. Aber es nimmt den Druck von uns, immer alles richtig machen zu wollen.«

Nimmt den Druck von uns? Es könnte ihn auch erhöhen. Davon erzählt der Roman *Ada* von Vladimir Nabokov. Er spielt auf einer Gegenerde, wo der Glaube an unsere Erde tatsächlich als eine Art Religion verbreitet ist. Auf jener Gegenerde ist alles ähnlich wie auf der Erde – und trotzdem ein bisschen anders. Der Protagonist, Van Veen, stolpert immer wieder über die kleinen Unterschiede zwischen den Welten und schließlich ganz ins Unglück.

Es ist eben so eine Sache mit der Trostwirkung des Multiversums, genauer gesagt: es ist Ansichtssache. Optimisten können sich darüber freuen, dass ihnen alles irgendwo gelingt. Pessimisten können sich grämen, dass ihre Doppelgänger jeden erdenklichen Unsinn machen oder vom Pech verfolgt sind.

Wenn jemand zum ersten Mal von der Möglichkeit hört, dass er in einem Multiversum lebt, vielleicht in abertausendfacher Ausführung, dann ist das typische Reaktionsmuster: Staunen, Sortieren, Weiterleben. »Unglaublich, ich lebe da draußen noch mal!« – »Was davon bin ich, und was bin ich nicht?« – »Egal. Es betrifft nicht das Leben, das ich in diesem Universum führe.« Im kosmologischen Multiversum stimmt das. Dort liegen unvorstellbare Distanzen zwischen den Doppelgängern. Die Lebensläufe sind unüberbrückbar weit getrennt. Aber das Multiversum der Quantenphysik ist anders. Dort könnten Sie Ihrem Alter Ego näher nicht sein. Sie sind eins mit ihm, Teilzustand eines großen Ganzen.

Deshalb ist auch die Frage so schwierig zu beantworten,

wo genau sich die Parallelwelten des quantenphysikalischen Multiversums befinden. Man kann nicht mit dem Finger auf sie zeigen. Es gibt diese Welten, aber sie befinden sich nicht wie unterschiedliche Galaxien in einem zusammenhängenden dreidimensionalen Weltraum. Die Vielen Welten ähneln eher den mentalen Zuständen eines Menschen mit Persönlichkeitsspaltung. Ihre Bewohner leben in diesen unterschiedlichen Welten, ohne es zu merken.

Auch Schrödingers Katze bewohnt eine dieser Welten. Der Quantenphysiker Erwin Schrödinger hatte in seinem Gedankenexperiment eine Katze in eine Kiste mit einem teuflischen Tötungsmechanismus gesteckt. Ein quantenmechanisches Zufallsereignis, der Zerfall eines einzigen radioaktiven Atoms, versetzte die Katze in eine bizarre Zwitterexistenz von lebendig und tot. So jedenfalls interpretierte es Schrödinger. In der Viele-Welten-Deutung der Quantenphysik sieht die Situation anders aus: In dem Moment, in dem das Atom radioaktiv zerfällt, gabelt sich die Welt in zwei Parallelwelten. In dem einen Weltenast ist die Katze tot, in dem anderen lebt sie.

Die Welt verzweigt sich in einem fort, die Äste verwachsen sich zu einem immer dichteren Gestrüpp. Es muss nicht an jeder Astgabel gleich um Leben und Tod gehen. Damit aus einer Welt zwei parallele Welten werden, reicht schon eine typische Situation im Straßenverkehr. Angenommen, Sie fahren mit hohem Tempo auf eine Ampel zu. Grün! Dann springt sie um auf Gelb. Das schaffen Sie noch. Oder doch nicht? Sie zögern, Sie müssen sich entscheiden. Im Extremfall könnte es sein, dass der Ladungszustand eines einzelnes Kalziumatoms in irgendeiner Synapse Ihres Gehirns bestimmt, ob Sie im nächsten Moment anhalten oder durchbrausen. Es mag Ihnen vorkommen, als würden Sie eine Entscheidung treffen und umsetzen, und die andere Option verwerfen. Aber im Weltengeflecht der Quantenphysik ist von vornherein klar, was Sie tun: beides.

In dem einen Weltenzweig drücken Sie aufs Gas, im anderen auf die Bremse. Für einen winzigen Sekundenbruchteil schweben Sie zwischen Bremsen und Gasgeben wie Schrödingers Katze zwischen Leben und Tod. Sie existieren in einem quantenphysikalischen Überlagerungszustand aus beiden Alternativen. Dann breitet sich die Signalkaskade von jenem Kalziumatom über Ihr Gehirn aus, in die Muskeln zum Fuß, aufs Gaspedal. Beide Weltenzweige sind noch immer gleich wirklich, aber trennen sich binnen Billionstel Sekunden – Dekohärenz nennen Quantenphysiker diesen Vorgang, weil das zuvor kohärente, also hoch synchrone System auseinanderfällt. Der fragile Überlagerungszustand spaltet sich auf in die beiden Möglichkeiten Gas geben und bremsen.

Ihr Doppelgänger, der sich anders entschieden hat, ist nun für immer außer Reichweite. Sie haben ihn nicht bemerkt, weil die Dekohärenz blitzschnell wirkt. Würde die Dekohärenz das Quantenweltdurcheinander nicht ordnen, dann würden wir wohl augenblicklich wahnsinnig. Wir müssten uns auf Stühle setzen, die an mehreren Orten gleichzeitig stehen. Der Himmel wäre gleichzeitig bewölkt und strahlend blau. Ständig würden uns unsere Doppelgänger aus anderen Welten in die Quere kommen. »Wir müssten eine Intuition dafür entwickeln, in Überlagerungszuständen zu existieren«, sagt der Heidelberger Physiker Dieter Zeh, ein Spezialist für die philosophischen Konsequenzen der Dekohärenz in der Viele-Welten-Theorie. Aber auch Zeh kann nicht sagen, wie es sich anfühlen würde, wenn unser Zustand in dieser Welt auf geisterhafte Weise von unseren Vertretern in Parallelwelten abhängen würde. Vielleicht wäre unser Gehirn in seiner jetzigen Ausbaustufe schlichtweg überfordert damit.

Selbstmord ist keine Lösung

»Wer bin ich? Und wenn ja, wie viele?« – diese Frage stellt sich im Multiversum drängender denn je. Welche Kopien und Varianten eines Menschen gehören noch zu diesem Menschen, welche sind zu unterschiedlich? »Es ist verstörend«, bekennt der Physiker Anthony Aguirre von der University of California in Santa Cruz. »Was bedeutet das, ›ich‹ zu sein? Ich ringe mit dieser Frage.«

In einer sich verzweigenden Welt habe unser Identitätsproblem überhaupt keine sinnvolle Lösung mehr, befürchten manche Philosophen. Eine gespaltene Persönlichkeit sei keine Persönlichkeit mehr, glaubt etwa Derek Parfit vom All Souls College in Oxford. Denn wesentlich für eine Persönlichkeit sei eine ununterbrochene Abfolge mentaler Zustände von der Wiege bis ins Grab. Aber zwischen zwei Zuständen eines Menschen in zwei Welten gibt es keine Kontinuität. Andere Philosophen sehen es weniger düster. Sicher ist aber, dass wir uns im Multiversum neu definieren müssen: Was meinen wir, wenn wir »ich« sagen? Eine einzelne Version von uns, alle miteinander oder nur die hinreichend ähnlichen Kopien? Wir müssen uns entscheiden. Wenn wir unsere neue Identität gefunden haben, brauchen wir eine neue Ethik. Wie sollen wir leben und handeln in einer Welt, die sich wieder und wieder teilt, und jeder von uns mit ihr? Stellen Sie sich vor, Sie wären also beherzt über die Ampel gefahren, bei Rot. Ein Radfahrer kommt von rechts, sie können ihm haarscharf ausweichen. »Gerade noch mal gut gegangen«, denken Sie vielleicht. Aber sollten Sie nicht auch daran denken, dass Ihre Repräsentanten in anderen Welten den Radfahrer gerade gerammt haben?

Es scheint, als komme uns im Multiversum all unsere Freiheit abhanden: Was wir auch tun, immer tun wir alles Mögliche. Worauf können wir noch hoffen, wenn ohnehin alles geschieht, worauf noch stolz sein, und wofür müssen wir uns schuldig fühlen? »Warum sollte ich dem Gesetz gehorchen, wenn ich weiß, dass ich mit jedem Verbrechen in irgendeinem Universum ungestraft davonkomme?«, fragt Michio Kaku – und bleibt die Antwort schuldig. Vielleicht wäre es am klügsten, einfach im Bett zu bleiben.

Auch die Schriftstellerin und Juristin Juli Zeh sieht im Multiversum alle Maßstäbe unseres Handelns verschwimmen: »Wozu sollte man noch irgendeine Entscheidung treffen, wenn alles, was physikalisch möglich ist, ohnehin passiert? Warum sollte ein Mörder sein Opfer nicht umbringen, wenn er die Tat ohnehin in irgendeiner Welt begeht? Die Menschen wären aus jeglicher Verantwortung für ihr Tun entlassen. Wenn die Viele-Welten-Deutung der Quantenmechanik sich als richtig erweist, würden sicher nicht sofort die Rechtssysteme geändert. Aber eine neue ethische Debatte müsste beginnen.« In ihrem Roman *Schilf* erzählt Juli Zeh, wie weit der Streit um die Zahl der Universen gehen kann. Darin zerbricht die Freundschaft zweier Physiker an der Viele-Welten-Interpretation der Quantenmechanik. Der eine versucht dem anderen mit allen Mitteln zu beweisen, dass es nur eine Welt gibt. Aus der akademischen Diskussion wird ein Kriminalfall mit Mord und Kindesentführung.

In unserer Welt hat die Multiversumsdebatte nach bisherigem Ermittlungsstand noch nicht zu Straftaten geführt. Aber sie werden erwogen. Max Tegmark kennt nur einen einzigen Weg, die Existenz von Parallelwelten experimentell zu testen, und der ist ziemlich martialisch: Quantenselbstmord. Tegmark schlägt vor, russisches Roulette mit Atomen zu spielen. Der Abzug einer Pistole wird mit einem Geigerzähler verbunden, der den Zerfall radioaktiver Atome misst. Wenn zufällig gerade eines zerfällt, während man den Abzug betätigt, schießt die Waffe scharf. Zerfällt keins, macht sie nur »klick«. Beim Probeschießen auf einen Sandsack würde man eine Zufallsfolge von Knallen und Klicks hören. Ein verwegener Physiker könnte nun seinen Assistenten anweisen, die Waffe auf ihn zu richten und zehnmal abzudrücken. Wenn es nur eine Welt gibt, dann sind seine Chancen, zu überleben, verschwindend gering. Aber im quantenmechanischen Multiversum wird er sich in einem Zustand wiederfinden, in dem er zehn Klicks gehört hat. Zwar ist er in fast allen Weltenzweigen gestorben, aber in einigen hat er überlebt. Zumindest dort kann er sich ziemlich sicher sein, dass es mehrere Welten gibt.

Nun ist Max Tegmark zwar zutiefst überzeugt, in einem quantenmechanischen Multiversum zu leben. Dennoch hat er es bisher nicht gewagt, russisches Quantenroulette zu spielen. Er hat Frau und Kinder, in den meisten Welten würde er sie zu Witwe und Waisen machen. Auch im Multiversum ist es unterm Strich eine Untat, eine Quantenpistole auf sich zu richten und zu hoffen, dass nur die Doppelgänger in anderen Welten tot umfallen werden.

Bislang passiert dies zum Glück nur in der Literatur. In der Science-Fiction-Geschichte *All the Myriad Ways* erzählt Larry Niven, wie das Wissen um andere Welten tatsächlich Menschen in den Wahnsinn und in den Selbstmord treiben kann. Niven entfaltet das Albtraum-Szenario einer Zukunft, in dem ein Unternehmen namens *Crosstime Inc.* seine Piloten zwischen verschiedenen Paralleluniversen hin und her schickt. Die interuniversalen Boten bringen technische Neuerungen in ihre Heimatwelt und beglücken andere Welten mit den ihren. Aber die Erkenntnis, in verschiedenen Universen zugleich zu leben, hebelt die Moral der Menschen aus. Sie morden und vergewaltigen scheinbar ohne Grund. Die Zahl der Selbstmorde steigt. Kommissar Gene Trimble rätselt darüber, während er mit seiner Pistole spielt. Was wenn er sich jetzt einfach eine Kugel in den Kopf jagen würde? Wäre das nicht egal? In anderen Universen würde er weiterleben. Immer weiter in den Weltenwahn irrt Trimble mit seinen Gedanken, bis ihm sein Lebenswille abhanden kommt – und er sich am Ende tatsächlich erschießt. Aber nicht in allen Universen.

Hier aber erliegt der Kommissar einem Irrtum. Es ist nämlich keineswegs egal, wie man im Multiversum handelt – auch wenn man jede Handlung in irgendeiner Welt tatsächlich ausführt. Das dämmert den Physikern allerdings erst allmählich, seit sie vor ein paar Jahren begonnen haben zu verstehen, wie sich die Wahrscheinlichkeitsaussagen der

Quantenphysik mit der Viele-Welten-Interpretation vereinbaren lassen. Larry Nivens Kurzgeschichte war da schon erschienen.

Das Problem ist folgendes: Die Quantenphysik ordnet den Ereignissen der Mikrowelt statistische Wahrscheinlichkeiten zu. Zum Beispiel ist ein radioaktives Jod-131-Atom nach der doppelten Halbwertszeit von 16 Tagen mit einer Wahrscheinlichkeit von 75 Prozent zerfallen (in ein Xenon-Atom und ein Elektron). In der Viele-Welten-Interpretation wird die Situation so erzählt: Die Welt verzweigt sich in eine, in der das Jod-131-Atom zerfallen ist, und eine, in der es nicht zerfallen ist. Wie aber kann man von etwas sagen, dass es mehr oder weniger wahrscheinlich sei, wenn es ohnehin geschieht?

»Wahrscheinlichkeit bedeutet in der Viele-Welten-Interpretation etwas anderes als in der herkömmlichen Interpretation«, erklärt der Philosoph David Papineau vom King's College in London. »Sie misst die relative Wichtigkeit aller wirklichen Zukünfte, nicht die Aussicht der möglichen Zukünfte, wirklich zu werden.« Wenn die Welt sich also ständig in Parallelwelten verzweigt, sind jene Weltenzweige mit einer höheren Wahrscheinlichkeit dicker als die anderen Zweige. Was genau das heißt, »dicker« oder »wahrscheinlicher«, darüber diskutieren die Physiker und Philosophen noch.

Die gute Nachricht ist, dass wir dadurch im Multiversum an Spielraum gewinnen. Wir können uns auf neue Art frei fühlen. In einem eingleisigen, festgelegten Weltverlauf, wie ihn die klassische Physik vorsieht, gibt es kein »Wenn – dann«, also auch nichts für uns zu entscheiden. Im Multiversum gibt es Möglichkeiten. Jede Gegenwart hat mehrere Zukünfte. Jeder kann dieser oder jener Möglichkeit mehr Gewicht zu geben. Auch wenn jede Möglichkeit Wirklichkeit wird, ist damit noch nicht bestimmt, wie viel Platz sie im Multiversum einnimmt. »Indem wir die richtigen Entscheidungen treffen, richtig handeln, verdicken wir den Stapel der Universen, in denen Versionen von uns sinnvolle Leben führen«, sagt der Londoner Physiker David Deutsch, der sich bestens auskennt im Multiversum – er hat nicht nur das Konzept, sondern auch das Wort »Multiversum« unter die Wissenschaftler gebracht.

In Deutschs Sicht der Dinge nimmt uns das Multiversum nicht etwa unsere Freiheit. Im Gegenteil, es gibt sie uns, und damit die Möglichkeit, gut und böse zu sein. »Wenn Sie erfolgreich sind, sind auch all Ihre Kopien erfolgreich, die die gleichen Entscheidungen treffen«, sagt Deutsch. »Ihre guten Taten vergrößern den Anteil des Multiversums, in dem gute Dinge geschehen.« Wenn man sich das Multiversum wie eine wuchernde Hecke mit ständig verzweigenden Ästen vorstellt, können wir durch unser Handeln die dicken Zweige stärken. Auch ein anständiger Multiversumsbewohner kann das Schlechte nicht verhindern. Aber er kann dem Guten mehr Gewicht geben. Daher ist es auch sinnvoll, weiterhin den Müll zu trennen, obwohl viele unserer Doppelgänger alles in dieselbe Tonne werfen. Zumindest dann, wenn man mit der Mülltrennung zur Rettung der Welt beizutragen glaubt.

Das Quantendornröschen

Im quantenmechanischen Multiversum beeinflusst also jede unserer Handlungen das Weltengefüge. Ein unerhörter Verdacht drängt sich auf: Entscheidet die Struktur des Kosmos mit darüber, was wir am besten tun oder lassen sollten? Diese Vermutung rief die Philosophen auf den Plan. Sie sind dabei, die Sache an der Geschichte vom »Quantendornröschen« auszudiskutieren, einer aktualisierten Version des Grimm'schen Märchens:

Es war einmal eine Versuchsperson namens Dornröschen. Eines Sonntag Abends wird sie von einem skrupellosen Forscher mit einem starken Medikament eingeschläfert. Es ist vereinbart: Nach dem Einschläfern macht der Forscher in der Nacht zu Montag ein quantenmechanisches Zufallsexperiment mit zwei möglichen Ausgängen, die gleich wahrscheinlich sind. Nennen wir die beiden Ausgänge »Kopf« und »Zahl«, wie bei einem Münzwurf. Am Montagmorgen weckt er Dornröschen. Bei Kopf ist der Versuch beendet. Wenn das Experiment jedoch Zahl ergeben hat, gibt er Dornröschen ein Mittel, das sie das Aufwachen vergessen macht und wieder einschlafen lässt. Er weckt sie dann erst am Dienstagmorgen wieder. Dornröschen wird also entweder nur einmal am Montag geweckt, oder zweimal, am Montag und Dienstag, bevor sie nach Hause gehen darf.

Es mag unterhaltsamere Märchen geben, aber aus philosophischer Sicht wirft das Quantendornröschen eine verzwickte Frage auf. Versetzen Sie sich in die Lage von Dornröschen. Draußen geht die Sonne auf, Sie wurden gerade vom Versuchsleiter geweckt, wissen aber nicht, welcher Tag es ist. Wenn dieser Sie nun fragen würde, mit welcher Wahrscheinlichkeit das Experiment in der Nacht zu Montag Kopf ergeben hat, was würden Sie antworten? Es gibt zwei Wege, die Wahrscheinlichkeit zu beziffern, beide einleuchtend, aber mit zwei unterschiedlichen Ergebnissen. Einerseits war die Wahrscheinlichkeit, dass Kopf fallen würde, vor dem Einschlafen am Sonntagabend genau ½. Und weil Sie im Schlaf nichts Neues erfahren haben (und, bei Zahl, am Montag eine Vergessenspille schlucken mussten), müssten Sie beim Aufwachen sowohl am Montag als auch am Dienstag noch immer von ½ ausgehen. Andererseits: Wenn man den Versuch sehr oft wiederholen würde, dann würden Sie in der Hälfte aller Fälle am Montag geweckt werden und nach Hause gehen. In der anderen

Hälfte der Fälle würden sie aber eine weitere Nacht im Labor verbringen. Auf Kopf wird also einmal geweckt (Montag), auf Zahl zweimal (Montag und Dienstag), macht $1/3$ zu $2/3$. Auf die Frage des Versuchsleiters müsste man nach dieser Rechnung antworten: Die Wahrscheinlichkeit, dass Sonntagnacht Kopf gefallen ist, beträgt $1/3$.

Das ist das Rätsel. $1/2$ oder $1/3$ – beides zugleich kann nicht stimmen. Die Mathematik hilft hier nicht weiter. Sie kann zwar mit Wahrscheinlichkeiten rechnen, aber sie kann einem Ereignis keine Wahrscheinlichkeiten zuweisen. Das machen Physiker – oder, in diesem Fall, Philosophen.

Wenn das Quantendornröschen die Meinung der Philosophen hören würde, dann wäre es allerdings ziemlich verwirrt. Zuerst, im Jahr 2000, argumentierte Adam Elga, ein Philosoph an der Princeton University und der Schöpfer des Dornröschen-Rätsels, für $1/3$. Sein australischer Fachkollege David Lewis widersprach und plädierte für $1/2$. Jahrelang standen sich die Lager der *Thirders* (englisch für *Drittler*) und *Halvers* (englisch für *Hälfter*) unversöhnlich gegenüber. Die Argumente wurden immer spitzfindiger. Allmählich gewannen die Thirders zahlenmäßig die Überhand.

Aber die Denker hatten ihre Rechnung ohne das Multiversum gemacht. Im Jahr 2007 warf der Philosoph Peter Lewis von der University of Miami die These in die Diskussion, die richtige Antwort für das Quantendornröschen hänge davon ab, wie der Kosmos gebaut sei. Wenn die Welt sich teilt, wie es die Viele-Welten-Deutung der Quantenmechanik beschreibt, dann müsse das Quantendornröschen mit einer Wahrscheinlichkeit von $1/2$ auf Kopf wetten. Im Kern besteht Lewis' Argument darin, dass die Welt sich mit dem Zufallsexperiment in zwei Versionen aufspaltet, eine für Kopf, eine für Zahl. Beide Weltenzweige sind gleich real und gleich wahrscheinlich. Wenn Dornröschen aufwacht, geht es ihr nur um die Frage, in welchem Zweig sie gelandet ist. Also muss sie, wenn sie Lewis folgt, Kopf (wie auch Zahl) den Wert ½ geben. Das gefiel den Thirders gar nicht. Es ist mit dem Quantendornröschen wie mit anderen Märchen: frei erfunden, ziemlich wirklichkeitsfern, aber lehrreich, wenn man darüber nachdenkt. Zumindest für Philosophen. Es scheint, als könnten unsere Erwartungen an die Zukunft tatsächlich davon abhängen, ob wir in einer oder mehreren Welten leben. Ob sich diese Erkenntnis eines Tages auch für Alltagssituationen nutzen lässt, ist noch zu klären. Die Philosophen beginnen erst, sich im Multiversum zurechtzufinden.

In der verzweigten Welt der Quantenmechanik tut sich eine neue Art von Freiheit für uns auf. Wie wir sie nutzen, ist unsere Sache. Bevor man sie ausschöpfen kann, gilt es zunächst, sie zu verstehen und darüber einen klaren Kopf zu bewahren – und das ist schwierig genug. »Das Multiversum macht einen verrückt, wenn man wirklich darüber nachdenkt, wie es unser Alltagsleben berührt«, sagt der Philosoph Simon Saunders von der Oxford University. Also lässt er es lieber. Zwar ist er überzeugt von der Viele-Welten-Deutung der Quantenphysik. »Ich akzeptiere sie einfach«, sagt er, »aber dann denke ich an etwas anderes, meiner seelischen Gesundheit zuliebe.«

14 Wo ist Gott?

So wird die Herrlichkeit Gottes erhöht, die Größe seines Reiches wird offenbart: Nicht in einer Sonne wird er verherrlicht, sondern in unzähligen, nicht in einer Erde, einer Welt, sondern in zehnmal Hunderttausend – was sage ich: in unzählig vielen.

Giordano Bruno, Über das Unendliche, das Universum und die Welten, 1584

Stellen Sie sich vor, es ist Mittwoch, und Sie werden entführt. Ihr Kidnapper ist Psychopath. Er will kein Lösegeld. Er will Lotto um Ihr Leben spielen: Sie sollen die Lottozahlen raten, die am Abend gezogen werden. Wenn Sie sie erraten, kommen Sie frei. Wenn nicht, bringt er Sie um. Was bleibt Ihnen übrig als mitzuspielen? Sie nennen ihm sechs Zahlen. Der Abend kommt, die Kugeln rollen. Genau Ihre Kugeln. Sie haben richtig geraten. Der Entführer hält Wort und lässt Sie frei.

In dieser Nacht machen Sie kein Auge zu. Nicht zu fassen, dass Sie jetzt hier lebend im Bett liegen. Steckte irgendein Trick dahinter? Unglaublich. Das kann unmöglich einfach Glück gewesen sein! Oder doch? Wie groß auch immer das Glück war, wenn Sie es nicht gehabt hätten, würden Sie jetzt nicht hier liegen und sich darüber wundern.

Die Menschheit verdankt ihre Existenz einem viel unwahrscheinlicheren Glück als einem Sechser im Lotto. Das Universum ist exakt so eingestellt, wie es sein muss, um Leben hervorzubringen. Ein kleiner Dreh an den Gesetzen der Physik, und es wäre öd und leer. Zwei Beispiele: Wenn die Protonen, die Bausteine der Atomkerne, nur 0,2 Prozent schwerer wären, würden sie auseinanderfallen. Es gäbe keine Atome, keine Planeten, kein Leben, und auch Sie nicht. Auch wenn die Gravitationskraft nicht genau so eingestellt wäre, wie sie ist, sähe es düster aus: ein bisschen schwächer, und die Masse des Universums wäre haltlos auseinandergetrieben; ein bisschen stärker, und die Sterne würden unter dem Druck ihres eigenen Gewichts so schnell verbrennen, dass auf keinem Planeten genügend Zeit für die Entwicklung von Leben gewesen wäre.

»Nur sechs Zahlen« entscheiden über die Größe und Gestalt des Kosmos, behauptet der englische Astronom Sir Martin Rees. Es sind allesamt ziemlich technische Parameter: die Zahl der Raumdimensionen, die Dichte und die Klumpigkeit der Materie im All, das Kräfteverhältnis zwischen Gravitation und Elektromagnetismus, die Stärke der Bindungskraft in Atomkernen und die sogenannte kosmologische Konstante, die den Kosmos auseinanderdrückt. Was diese Zahlen genau besagen, verstehen nur Fachleute, aber die Konsequenzen sind für jedermann offensichtlich: Sonne, Mond, Sterne, Planeten, Atome. Und dass sie exakt die richtigen Werte haben, um so etwas Kompliziertes wie uns Menschen leben zu lassen, grenzt an ein Wunder. Ein Sechser in der kosmischen Lotterie ist weitaus unwahrscheinlicher als im Mittwochslotto. Das Universum scheint voller glücklicher Fügungen zu sein.

Physiker mögen keine Fügungen, auch keine glücklichen. Denn Fügungen sind immer unerklärlich, und es ist der Beruf des Physikers, das Universum zu erklären. Im

Moment des Urknalls lag die Wahrscheinlichkeit, dass ein Universum wie dieses herauskommen würde, bei 1 zu 10^{59} – haben Kosmologen geschätzt. Neunundfünfzig Nullen, vielleicht ein paar mehr oder weniger, jedenfalls arg viel für den Geschmack der Physiker. »Wir haben da viele wirklich merkwürdige Zufälle«, sagt der Physiker Andrei Linde, »und alle gerade so, dass sie Leben möglich machen.«

Theologen lieben Fügungen. Auf die Frage, warum die Welt so ist, wie sie ist, gibt es für sie nur eine Antwort: Weil Gott sie so geschaffen hat. Und warum schuf er sie gerade so? Dafür hatte der deutsche Universalgelehrte Gottfried Wilhelm Leibniz im 17. Jahrhundert eine logische Erklärung: Gott, der Allwissende, Allmächtige und Allgütige, konnte nur die beste aller möglichen Welten geschaffen haben. Diese oder keine. Sonst wäre er nicht allwissend, allmächtig und allgütig.

Leibniz verwendete viel Gedankenarbeit darauf zu zeigen, warum unsere Welt trotz Krieg, Hunger und Seuchen die beste aller möglichen ist. All das Übel sei eben notwendig, behauptete er, um das Gute zu verwirklichen. Er stellte sich Gott als den weisesten aller Uhrmacher vor, dessen Werk, einmal geschaffen und perfekt justiert, auf ewig von selbst läuft – in »herrlicher, prästabilierter Ordnung«, wie er es in einem Brief an Samuel Clarke, einen Freund Isaac Newtons, formulierte. Müsste Gott das kosmische Uhrwerk immer wieder aufziehen, wie Newton und Clarke behaupteten, dann wäre seine Schöpfung nicht perfekt gewesen. Und weil es zu Leibniz' Verständnis einer guten Welt gehörte, dass sie reich bevölkert ist, hätte es ihn auch nicht überrascht, dass das Universum von Beginn an bis hin zur letzten Nachkommastelle auf Leben eingestellt ist. Die Kosmologie gäbe ihm heute bessere Argumente denn je. Auch wenn unsere Welt nicht ganz die beste aller möglichen ist, so ist sie doch gut genug, um der These von einem gütigen Schöpfer Gewicht zu geben. Zu gut jedenfalls, um Zufall zu sein.

Theologen sind also gut gerüstet für Warum-Fragen über das Universum, und lange Zeit waren sie auch einzig zuständig für sie. Die Naturwissenschaftler beschrieben die Welt, *wie* sie ist. Die Theologen erklärten, *warum* sie so ist. Doch im 20. Jahrhundert kündigten die zunehmend selbstbewussten Wissenschaftler diese Arbeitsteilung auf und wagten sich an Grundsatzfragen. »Die mich am meisten beschäftigende Frage lautet«, sagte Albert Einstein, »ob Gott bei der Erschaffung eine Wahl hatte.« Er wollte wissen: Warum sind die Naturgesetze und Naturkonstanten – die Masse der Elementarteilchen zum Beispiel oder die Stärke der Gravitationskraft – gerade so, wie wir sie vorfinden? Sind auch andere Naturkonstanten und Naturgesetze denkbar? Kurzum die altbekannte Frage: Warum ist das Universum so, wie es ist?

Die Statistik ersetzt den Schöpfer

Einstein hoffte, dass ein tieferes Naturprinzip alle Zufälligkeiten aus der Welt schaffen würde: eine Theorie für Alles, die Weltformel. Die letzten drei Jahrzehnte suchte er nach ihr – vergeblich. Seine Nachfolger suchten weiter. Sie fanden viel darüber heraus, wie die Welt ist. Aber nicht, warum sie so ist.

Dann, im Jahr 1973, verblüffte der englische Physiker Brandon Carter die Kollegen mit der Behauptung, dass Einsteins Frage sich von selbst beantworte. Das Universum ist so, wie es ist, weil wir da sind. Wäre es anders, dann könnten wir nicht danach fragen. Unsere bloße Existenz grenzt die Naturkonstanten ein. Carter formulierte es so: »Was wir zu beobachten erwarten können, muss durch die Bedingungen beschränkt sein, die für unsere Anwesenheit als Beobachter notwendig sind.« Anthropisches Prinzip nannte er diesen Grundsatz (siehe auch Kapitel 11).

Das anthropische Prinzip stellte die Geschichte der Kosmologie auf den Kopf. Carter präsentierte es ausgerechnet auf einer Konferenz zu Ehren von Nikolaus Kopernikus, der einst die Menschheit aus dem Mittelpunkt des Universums verbannt hatte. Und 500 Jahre später wollte Carter uns, den Bewohnern eines mickrigen Planeten am Rande einer durchschnittlichen Galaxie, wieder eine Hauptrolle in der kosmischen Ordnung geben? Die Begeisterung unter seinen Kollegen war mäßig. »Wir dachten, jede Erklärung für die kosmische Feinabstimmung sei besser als keine Erklärung«, sagt der Astronom Bernard Carr, »aber viele Physiker sahen anthropische Behauptungen damals mit Verachtung.«

Wenn es nur ein einziges Universum gibt, führt das anthropische Prinzip tatsächlich kaum weiter. Die Welt ist so, wie sie ist, weil wir so sind, wie wir sind – und wir sind so, weil die Welt so ist. Das Argument dreht sich im Kreis.

Dann verdichteten sich die Hinweise aus der Kosmologie, der Quantenphysik, der Stringtheorie, dass es mehr als ein Universum gibt – und das anthropische Prinzip stand plötzlich in ganz anderem Licht da. Es muss nicht mehr die Gestalt der Vielen Welten erklären, sondern nur noch unseren speziellen Platz darin.

Wenn die Naturgesetze und Naturkonstanten von Universum zu Universum zufällig variieren, dann ist die Frage, warum sie bei uns gerade so sind, wie sie sind, kein Rätsel mehr. Leonard Susskind beantwortet sie so: »Irgendwo im Megaversum hat die Konstante diesen Wert, woanders jenen. Und wir leben in einem winzigen Abschnitt, in dem der Wert verträglich mit unserer Art von Leben ist. Das ist alles! Es gibt keine andere Antwort auf diese Frage.«

Es ist ähnlich wie mit unserer Existenz auf der Erde: Niemand wundert sich darüber, dass die Menschheit ausgerechnet auf dem einzigen Planeten im Sonnensystem lebt, der ihr eine Wohlfühlumgebung bietet. Auf keinem anderen wäre sie entstanden. Kein Bedarf an glücklicher oder göttlicher Fügung.

Schon um 300 vor Christus glaubte Epikur, dass »es unendlich viele Welten gibt, sowohl solche, die unserer Welt ähnlich sind, als auch solche, die ihr unähnlich sind«, und dass es in dieser unendlichen Weite keinen Platz für Götter gibt. Ebenso hoffen die Atheisten von heute, die Naturwissenschaft könne mit dem Multiversum Gott seines Amtes entheben. Wenn alles Erdenkliche immer wieder passiert, gibt es nicht mehr viel zu tun für einen Schöpfer. So spannend das Multiversum aus menschlicher Sicht ist, so langweilig ist es aus göttlicher Perspektive.

Was in einem einzelnen Universum wie das Werk eines Schöpfers wirkt, entpuppt sich im Multiversum als reine Statistik. »Ich glaube, bei so viel Feinabstimmung bleiben nur zwei Erklärungen«, sagt der amerikanische Physiker und Nobelpreisträger Steven Weinberg, »ein gütiger Planer oder ein Multiversum.« Der Philosoph Neil Manson sieht im Multiversum »die letzte Zuflucht für verzweifelte Atheisten«. Tatsächlich preist der Oberatheist Richard Dawkins in seinem Buch *Der Gotteswahn* das anthropische Prinzip im Multiversum in den allerhöchsten Tönen. Die Idee sei »von größter Schönheit« und das Multiversum viel weniger exotisch als die Gotteshypothese. »Das Multiversum mag exotisch erscheinen, was die schiere *Zahl* der Universen betrifft«, schreibt Dawkins. »Aber jedes dieser Universen ist in seinen Grundgesetzen einfach – das heißt, wir postulieren nichts, was höchst unwahrscheinlich wäre.«

Sir Martin Rees bringt die Diskussion im Index seines neuesten Buchs auf den Punkt. Unter »Göttliche Fügung«

hat er nur einen knappen Verweis gestellt: »siehe Multiversum«.

Das anthropische Prinzip gewinnt mehr und mehr Anhänger unter Forschern. Aber längst nicht alle sind überzeugt. David Gross kommentiert lapidar: »Das anthropische Prinzip ist schlecht. Man kann damit nichts erklären und nichts berechnen.« Die Verfechter des Prinzips entgegnen, dass es inzwischen sehr wohl solche Vorhersagen gebe.

Tatsächlich machte Steven Weinberg mithilfe der anthropischen Argumentation in den Achtzigerjahren eine Art Vorhersage. Er rechnete aus, wie groß die Antischwerkraft, die das Universum auseinanderdrückt, höchstens sein darf, damit Atome in unserem Universum nach dem Urknall zu Sternen und Galaxien zusammenklumpen können (Antischwerkraft ist gleichbedeutend mit der sogenannten kosmologischen Konstante oder Dunklen Energie). Ergebnis: Sie darf höchstens einer Energie von Hundert Wasserstoffatomen pro Kubikmeter entsprechen. Wäre sie höher, hätte es Sterne und letztlich den Menschen niemals gegeben. Weinberg fand also eine obere Grenze für die Antischwerkraft. Im Jahr 1998 ergaben Messungen, dass unser Universum beschleunigt expandiert, angetrieben von einer Dunklen Energie, deren Wert knapp vier Wasserstoffatomen pro Kubikmeter entspricht, also innerhalb von Weinbergs Grenze. Seitdem streiten die Physiker, ob dies nun eine Bestätigung von Weinbergs Vorhersage ist (Multiversumspionier Alexander Vilenkin spricht von einem »Klassiker der anthropischen Argumentation«) oder, wie David Gross meint, ob man so weit auch schon ohne den anthropischen Hokuspokus war.

Weinberg selbst steht irgendwo zwischen den Fronten. Als Physiker über das anthropische Prinzip zu reden sei ungefähr so, als würde ein Kleriker über Pornographie reden, sagte er einmal: »So sehr man auch betont, dass man dagegen sei, einige Leute werden immer denken, man interessiere sich etwas zu sehr dafür.«

Ein Ende des Streits ist nicht absehbar. In ein paar Jahrzehnten könnte das anthropische Prinzip ein Leitprinzip der Kosmologie sein. Oder vergessen. Bis dahin bleibt es eine Glaubensfrage, warum das Universum so gut bewohnbar ist.

Wer noch sucht, an was er glauben will, hat vier Möglichkeiten:

1) Wir hatten einfach Riesenglück. Alle Kennzahlen des Universums könnten andere Werte haben, dann wäre es dunkel und leer geblieben. Aber sie sind in der kosmischen Lotterie in jenem engen Spielraum gelandet, der die Welt fruchtbar macht.
2) Es war kein Glück, sondern Notwendigkeit. Eine künftige Theorie für Alles wird den Spielraum der Naturkonstanten so einengen, dass nur eine bewohnbare Welt herauskommen kann.
3) Wir brauchten kein Glück. Es gibt so viele verschiedene Universen, dass auch bewohnbare darunter sind. Und dann leben wir zwangsläufig in einem bewohnbaren. Das anthropische Prinzip sucht uns so eines aus.
4) Es ist Fügung. Ein höheres Wesen hat die Welt so gemacht, wie sie ist. Vielleicht ist die Welt ein Laborprodukt einer fortgeschrittenen Zivilisation. Vielleicht das Werk eines Gottes.

Möglichkeit (1) bedeutet das Ende der Diskussion: Ein Lottogewinner muss sich nicht fragen, warum seine Zahlen gezogen wurden. Möglichkeit (2) ist das, wovon Einstein träumte – und viele Physiker weiterhin träumen, die Weltformel, die alles erklärt. Andere haben die Hoffnung auf die Superformel inzwischen aufgegeben. Bleiben (3) und (4). Müssen wir uns also entscheiden zwischen Gott und dem Multiversum?

Nicht immer galt das Multiversum als »Zuflucht der Atheisten«. Im Mittelalter sahen Theologen zunächst keinen Widerspruch zwischen der Vorstellung vieler Welten und der christlichen Lehre. Im Gegenteil. Der Heide Aristoteles hatte einst gelehrt, es könne nur eine Welt geben – die Vertreter der Kirche sahen darin eine Einschränkung der Allmacht Gottes. Etienne Tempier, der Bischof von Paris, erklärte 1277 in seiner *Sentenz 34* ausdrücklich jeden zum Ketzer, der Gott die Fähigkeit absprach, mehr als eine Welt zu erschaffen. Zwar behauptete Tempier nicht, dass es mehrere Welten wirklich gebe. Aber zu bestreiten, dass es mehrere geben könne, verurteilte er als Ketzerei. Auch die bedeutendsten Gelehrten des 14. Jahrhunderts, Wilhelm von Ockham, Johannes Buridan und Nikolaus von Oresme, hielten die Existenz anderer Welten für möglich. Im 15. Jahrhundert beschäftigte sich der Franziskaner Wilhelm von Vorillon mit der Frage, ob Jesus Christus mit seinem Tod am Kreuz auch die Bewohner anderer Welten erlöst habe. Ja, antwortete er, »auch wenn es unendlich viele Welten gibt. Aber es wäre Ihm nicht gemäß, in diese anderen Welten zu gehen, um dort wieder sterben zu müssen.« Wir hatten also immerhin das Privileg, dass Jesus unsere Erde ausgesucht hat, um zu sterben. Auch der einflussreiche Kardinal Nikolaus von Kues glaubte im 15. Jahrhundert an eine Vielzahl von Welten und ein unendliches, überall belebtes Universum.

Dann kam Nikolaus Kopernikus, und der Ärger zwischen Theologen und Kosmologen begann. Aus Angst vor dem Zorn der Kirche veröffentlichte Kopernikus das Hauptwerk über sein heliozentrisches Weltbild erst 1543 im Alter von 70 Jahren, kurz vor seinem Tod, und auch dann verkaufte er es als rein mathematische Hypothese. Galileo Galilei vertrat es entschiedener und wurde von der Inquisition mit Hausarrest und Forschungsverbot zum Schweigen gebracht.

Die katholische Kirche sah die göttliche Ordnung bedroht. Spekulationen über andere Welten galten von nun an als exzentrisch und blasphemisch – obwohl eigentlich auch die Kirche ein Multiversum predigte: das Tripel aus Diesseits, Himmel und Hölle. Der Ton zwischen Theologen und Kosmologen wurde schärfer. »Schande über diese Unendlichkeit oder Vielfalt der Welten«, schrieb der calvinistische Gelehrte Lambert Daneau im 16. Jahrhundert, »es gibt eine und nicht mehr.« Der Lutheraner Philipp Melanchthon hielt von der Erlösung Außerirdischer nichts: »Unser Herr Jesus Christus ist in dieser Welt geboren, gekreuzigt und auferstanden. Deshalb darf es weder die Vorstellung anderer Welten geben, noch darf einer denken, dass Menschen in anderen Welten, in denen man von Gottes Sohn nichts weiß, das ewige Leben gewährt würde.« Kirchenleute, die für eine Vielzahl von Welten plädierten, wie die Dominikanermönche Giordano Bruno und Tommaso Campanella, wurden inhaftiert und gefoltert. Bruno landete auf dem Scheiterhaufen.

Jenseits der Einflusssphäre der katholischen Kirche gediehen die Ideen über eine Vielfalt von Welten inzwischen weiter. Im anglikanisch dominierten England sahen die Pioniere der Naturwissenschaft keinen Widerspruch zwischen ihrem christlichen Glauben und Spekulationen über andere Welten. Im Gegenteil. Der Physiker und Chemiker Robert Boyle, ein Freund Isaac Newtons und Mitgründer der Royal Society, gab seiner Version des Multiversums ein theologisches Fundament – das auch zur Kosmologie des 21. Jahrhunderts passen würde. Er glaubte, Gott habe außerhalb des von uns sichtbaren Universums verschiedene

Naturgesetze ausprobiert: »Wenn wir annehmen, wie es manche modernen Philosophen tun, dass Gott neben unserer Welt weitere gemacht hat, dann ist es äußerst wahrscheinlich, dass Er Seine vielfache Weisheit in Werken gezeigt hat, die sich sehr von diesem hier unterscheiden, in dem wir Ihn bewundern.«

Nicht allen anglikanischen Klerikern war diese Eintracht zwischen Viele-Welten-Kosmologie und Religion geheuer. Dem Priester John Henry Newman aus London ging sie entschieden zu weit. »In der Kontroverse über die Vielfalt von Welten gilt es als so zwingend, dass der Schöpfer die Gestirne mit lebenden Wesen bevölkert hat, dass es fast schon als Blasphemie erscheint, daran zu zweifeln«, beklagte er sich 1870 in seinem Buch *Grammar of Assent*. Er konvertierte zum Katholizismus, schaffte es noch zum Kardinal und soll demnächst vom Papst selig gesprochen werden.

Noch 1992 ließen Funktionäre der katholischen Kirche bei einem Papstbesuch in Brunos Geburtsstadt Nola ein Denkmal verhüllen, um Johannes Paul II. den Anblick des Renaissance-Provokateurs zu ersparen. Stephen Hawking berichtete, Papst Johannes Paul II. habe ihn gewarnt, den Urknall zu erforschen, denn der sei der Augenblick der Schöpfung und damit das Werk Gottes. Hawking widersprach nur im Geiste: »Ich hatte keine Lust, das Schicksal Galileis zu teilen.« Das war, bevor der Heilige Stuhl Galileo Galilei im selben Jahr offiziell rehabilitierte.

Die Zeiten ändern sich also auch in der katholischen Kirche, man muss nur lange genug warten. Inzwischen steht sogar die Erlösung Außerirdischer wieder auf dem Programm. Der Jesuit George Coyne, langjähriger Direktor der Sternwarte des Vatikans in Castel Gandolfo, stellt sich die Konversation mit einem von ihnen so vor:

Meine erste Frage: Bist du intelligent? Dann würden wir diskutieren, wie man Intelligenz definiert. Wir kommen zu dem Schluss: So wie ich ist er intelligent, er hat einen freien Willen und so weiter. Dann frage ich: Bist du spirituell? Oh ja, sagt er, wir glauben an ein ewiges Leben und an ein allmächtiges Wesen. Großartig, also frage ich: Habt ihr gesündigt? Dahinter steckt die ganze Diskussion über die Erbsünde. Nehmen wir an, er bejaht, seine Großeltern hätten ihm erzählt, dass die Urahnen einst sündigten, ob es nun Adam und Eva waren oder nicht – sie sind jedenfalls nicht mehr in dem perfekten Zustand, in dem sie geschaf-

fen wurden. Wurdet ihr erlöst? Ja, wir wurden erlöst. Wie wurdet ihr erlöst? Nun, wenn er jetzt antwortet: Wir wurden erlöst, weil Gott uns seinen einzigen Sohn schickte, dann haben wir hier ein kleines theologisches Problem. Konnte Gott seinen einzigen Sohn, wahrhaftiger Gott und wahrhaftiger Mensch, zu uns schicken und seinen einzigen Sohn, wahrhaftiger Gott und wahrhaftiger Marsianer, zu einem anderen Planeten? Ich sehe nicht, wie das gehen sollte. Aber meine eingeschränkte Vorstellungskraft bedeutet nicht, dass es nicht geht.

Das Multiversum ist keine Gotteslästerung

Die Theorie vom Multiversum handelt nicht nur vom Urknall, sie blickt weit über ihn hinaus. Einen Augenblick der Schöpfung, wie Leibniz und Johannes Paul II. ihn sich vorstellten, sieht sie nicht vor. Und so betrachten manche Vertreter der Kirche sie als unzulässige Einmischung in Glaubensfragen. Christoph Kardinal Schönborn, der Erzbischof von Wien, wetterte 2005 in einem viel beachteten Kommentar in der *New York Times* gegen die Multiversumshypothese. Sie sei »aufgestellt worden, um dem überwältigenden Beweis für Zweck und Plan auszuweichen, der in der modernen Wissenschaft zu finden ist«. Folglich sei sie »nicht wissenschaftlich, sondern eine Abdankung der menschlichen Vernunft«.

Das hätte gut ins Mittelalter gepasst. Im 21. Jahrhundert jedoch lassen Wissenschaftler sich nicht mehr so einfach von der Kirche das Denken vorschreiben: »Religiöse Vorurteile wie diese können keine wissenschaftlichen Fragen entscheiden«, antwortete Nobelpreisträger Weinberg auf Kardinal Schönborn.

Aber nicht nur konservative Kleriker lehnen das Multiversum ab. Richard Swinburne von der Oxford University, griechisch-orthodox und einer der bedeutendsten lebenden Religionsphilosophen, hält genauso wenig vom Multiversum wie Kardinal Schönborn, und zwar aus ganz ähnlichen Gründen. Es sei »der Höhepunkt der Irrationalität, eine unendliche Zahl kausal getrennter Universen zu postulieren, nur um die Annahme der Existenz Gottes zu vermeiden«. Die wunderliche Justierung der Naturgesetze ist für ihn weder Zufall noch Notwendigkeit, sondern ein Abdruck der göttlichen Hand in der Welt. Denn Gott habe vor allem Schönheit im Sinn gehabt, als er die Welt schuf, glaubt Swinburne, und diese Schönheit zeige sich in der Entwicklung der Galaxien, Sterne und Planeten. Gott habe also »allen Grund gehabt, diesen Entwicklungsprozess mit dem Urknall in Gang zu setzen, auch wenn er damals der Einzige war, der zuschauen konnte. Heute ist Gott nicht mehr der Einzige, der den Urknall beobachten kann, wir können durch unsere Teleskope sehen, die weiter und weiter zurückblicken, bis in die frühesten Phasen des Universums.« Selbstverständlich stand es in Gottes Macht, ein Multiversum zu schaffen. Aber wozu, wenn niemand dessen Schönheit bewundern kann? »Es wäre witzlos«, glaubt Swinburne.

Viele Theologen und Kosmologen spielen das Multiversum und den Gottesglauben gegeneinander aus, aber es gibt einige, die sich mit beidem auskennen und an beides glauben. Don Page zum Beispiel ist Professor für Theoretische Physik an der University of Alberta, Kanada, und bekennender Christ, und er will seine Mitchristen »überzeugen, dass die Idee vom Multiversum dem Christentum nicht unbedingt widerspricht«. Ganz im Gegenteil, sagt Page: Einem allmächtigen Gott müsse man auch die Fähigkeit zusprechen, ein Multiversum zu schaffen. Gott hätte gute Gründe für ein großes Multiversum statt eines kleinen Universums, glaubt Page: »Womöglich lag Ihm mehr an der Ökonomie der Prinzipien als an der Ökonomie des Baumaterials.« Aber was bliebe einem Schöpfer in einem Multiversum noch an Entscheidungsfreiheit? Genug, sagt Page. Es sei ja schon eine souveräne Entscheidung des Schöpfers, überhaupt ein Multiversum zu schaffen.

Während Christen wie Page sich mühen, die biblische Schöpfungsgeschichte mit der modernen Naturwissenschaft zu vereinbaren, fügt sich das Multiversum in andere Religionen mit viel weniger Widerstand. Manche jüdische Kabbalisten legen die Schöpfungsgeschichte so aus, dass Gott vor der Erschaffung unserer Welt zunächst geübt habe. In den Satz aus dem Buch Genesis »Gott sah alles an, was er gemacht hatte: Es war sehr gut« interpretieren sie, dass es davor ein paar Mal schiefgelaufen sein musste: Gott hatte viele Universen geschaffen und dann das beste davon gesegnet. »Das Multiversum ist ›sehr gut‹«, sagt der Astrophysiker Howard Smith vom Harvard-Smithsonian Center for Astrophysics.

In die hinduistische Lehre ist die Vorstellung eines Multiversums von vornherein eingebaut: die ewige Wiederkehr von allem.

Weltentstehung und Weltvernichtung wechseln einander ab. »Den Indern ist die Idee eines Anfangs der Welt eher fremd«, meint der deutsche Physiker Martin Bojowald, der an einer Theorie eines seriellen Multiversums arbeitet. Wenn er in Indien Vorträge über die Zeit vor dem Urknall hält, stellt er fest: »Die finden meine Ansichten ganz normal.«

An ein serielles Multiversum glaubte auch Friedrich Nietzsche, der große Querdenker unter den deutschen Philosophen. Von Religion hielt Nietzsche nichts. Mit seiner Vorstellung der ewigen Wiederkehr von allem wollte er Gott abschaffen. »Wer nicht an einen Kreisprozess des Alls glaubt, muss an einen willkürlichen Gott glauben«, notierte er und entschied sich für den Kreisprozess.

Neuerdings gewinnt das Multiversum auch Freunde unter den christlichen Religionsphilosophen. Zum Beispiel Klaas Kraay von der Ryerson University in Toronto. Er hält das Multiversum sogar für »die eindeutig beste aller möglichen Welten« – Leibniz lässt grüßen. »Wenn Gott es versäumt hätte, alle erschaffenswerten Universen tatsächlich zu erschaffen, wäre sein Werk übertrefflich gewesen«, sagt Kraay. Und weil Gottes Macht, Wissen und Güte unübertrefflich sind, sollten wir ein Multiversum von ihm erwarten dürfen.

Das alles klingt verdächtig nach alten Zeiten, nach Aristoteles, Bischof Tempier, Bruno und Leibniz. Und tatsächlich ist die Diskussion die alte geblieben: Wo endet das Wissen, wo beginnt der Glaube? Nur die Frontlinien haben sich über die Jahrtausende verschoben. In antiken Zeiten mussten die Götter noch bei jeder Kleinigkeit eingreifen, um die Welt am Laufen zu halten. Wenn es donnerte, schwang der nordische Gewittergott Thor den Hammer. Wenn die Sonne übers Firmament lief, spannte der indische Sonnengott Sûrya den Wagen an, während sein ägyptischer Kollege die Barke nahm. Jahreszeiten, Regenbögen, Krankheit, Heilung – ohne Götter ging gar nichts.

Dann automatisierte die Naturwissenschaft die Welt. Jetzt donnert es, weil sich die Luft um einen Blitz herum plötzlich ausdehnt und einen Überschallknall erzeugt. Die Jahreszeiten entstehen durch die Neigung der Erdachse, Regenbögen durch Lichtbrechung in schwebenden Wassertröpfchen und Krankheiten durch Keime. Das Anforderungsprofil an die Götter, oder den Gott, wandelte sich: vom Manager der Welt zum kosmischen Feinmechaniker, der das Planetensystem oder den Urknall zu Beginn justiert wie ein perfektes Uhrwerk.

Die frühen Götter haben das kosmische Uhrwerk hergestellt, aufgezogen und immer wieder nachjustiert. Die späteren Götter haben es nur noch geschaffen und aufgezogen. Aber auch im Multiversum hat Gott noch eine Beschäftigung: Er schuf. »Es gibt immer einen Platz für Gott«, sagt der Physiker Paul Steinhardt, »irgendetwas muss das ganze System ja installiert haben.« Er betont: Religion und Wissenschaft sollten einander nicht reinreden. »Wir müssen vermeiden, mit Gott die Lücken der Wissenschaft zu füllen«, sagt der Jesuit und Astrophysiker William Stoeger von der Sternwarte des Vatikans. Ähnlich argumentiert der Jesuitenpater George Coyne: »Gott ist keine Randbedingung des Universums. Man kann die Existenz Gottes nicht mithilfe der Quantenphysik widerlegen – noch kann man sie beweisen. Die Wissenschaft ist gegenüber religiösen, philosophischen und theologischen Schlussfolgerungen absolut neutral.« Coyne nervt die Verquickung von Glauben und Wissenschaft. »Ich muss meine Wissenschaft voranbringen, ich kann nicht dauernd darüber nachdenken, ob Jesus auf anderen Planeten erscheint oder ob ich Aliens taufen würde.«

Selbst die Bibel kann man so auslegen, als seien naturwissenschaftliche Gottesbeweise, ob mit oder ohne Multiversum, vergebliche Mühe. So wird Jesus im Matthäus-Evangelium von »einigen Schriftgelehrten und Pharisäern«, also den Intellektuellen jener Zeit, gebeten: »Meister, wir möchten ein Zeichen von dir sehen.« Jesus antwortet: »Diese böse und treulose Generation fordert ein Zeichen, aber es wird ihr kein anderes gegeben werden als das Zeichen des Propheten Jona. Denn wie Jona drei Tage und drei Nächte im Bauch des Fisches war, wird auch der Menschensohn drei Tage und drei Nächte im Innern der Erde sein.« Mit anderen Worten: Es gibt kein anderes Zeichen als die eigene Auferstehung. Es ist ein Wunder. Keine Wissenschaft.

Epilog

Dialog über die Weltensysteme

Eines späten Abends im Jahr 2009 in einem Arbeitszimmer in München. Die beiden Autoren dieses Buchs sichern eine Datei und schauen sich aus geröteten Augen an.

Max: Fertig! Endlich.

Tobias: Hm. Irgendwas fehlt noch, finde ich.

Max: Was denn jetzt noch? Morgen wollen wir abgeben!

Tobias: Die Antwort auf die Frage, ob wir wirklich in einem Multiversum leben.

Max: Wir können diese Antwort nicht geben, wir kennen sie nicht. Die Physiker müssen sie irgendwann geben. Das schreiben wir ja auch.

Tobias: Und wenn sie dann »Nein« lautet? Das ganze Buch wäre witzlos.

Max: Nicht unbedingt. Die Idee ist interessant genug, um auch auf interessante Art falsch zu sein.

Tobias: Oh nein, mir fällt ein ...

Max: Was?

Tobias: ... die Antwort lautet auf alle Fälle »Nein«! Das Multiversum gibt es nicht!

Max: Wie bitte?

Tobias: Wenn die Antwort »Ja« lautet, gibt es ein Multiversum, also alle möglichen Welten. Also auch solche, in denen die Antwort »Nein« lautet.

Max: Das ist nur eine deiner logischen Spitzfindigkeiten. Dann irren sich eben die Wissenschaftler in diesen Universen, sie sagen nur, es gebe kein Multiversum, aber in Wirklichkeit gibt es eins. Sie haben sich verrechnet. Passiert jedem mal.

Tobias: Aber wenn wir in einem dieser Universen leben, merken wir nicht, dass die Physiker falsch liegen.

Max: Sag ich doch, es bleibt interessant, auch wenn die Antwort »Nein« lautet.

Tobias: Das beruhigt mich.

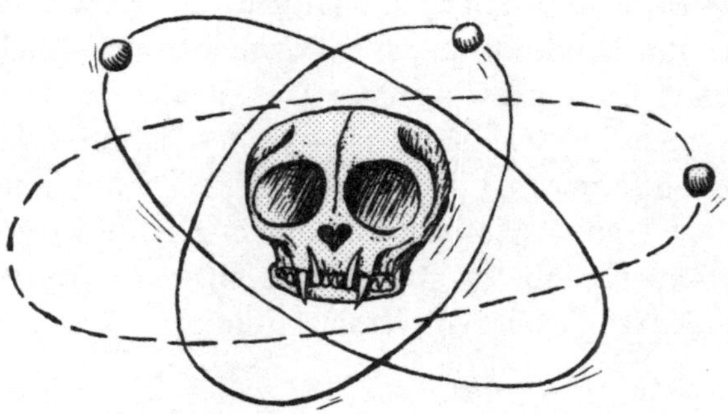

Personen

Aristarch von Samos (um 310 bis um 230 v. Chr.), der Kopernikus der Antike. Skizzierte erstmals ein heliozentrisches Weltbild mit der Sonne im Zentrum und dem Planeten Erde auf einer Umlaufbahn. Seine Kritiker bemängelten, dass man auf einer bewegten Erde einen Fahrtwind spüren müsse. Also wurde sein Vorschlag verworfen.

Aristoteles (384 bis 322 v. Chr.) gehört mit Platon (um 428 bis um 347 v. Chr.) und Sokrates (469 bis 399 v. Chr.) zu den wichtigsten Philosophen der Antike. Prägte die Sicht auf das Universum 2000 lang Jahre mit seiner Behauptung, alle himmlische Bewegung müsse kreisförmig sein, und der natürliche Ort aller schweren Dinge sei das Zentrum des Universums, also das Zentrum der Erde. Das Weltbild des **Ptolemäus** ist eine Erweiterung der Aristotelischen Himmelsmechanik.

John Barrow (geboren 1952), Mathematikprofessor an der Universität Cambridge, Autor, Kosmologe und Kirchgänger. Setzt gern unterschiedliche Theorien über das Universum (und das Multiversum) in die Welt, schreibt Bücher darüber und wartet ab, was passiert. Besonders bekannt: sein 1986 mit Frank Tipler veröffentlichtes Buch über das anthropische Prinzip. Im Jahr 2006 erhielt er den »Templeton Prize« der religiösen Templeton-Stiftung.

Niels Bohr (1885–1962), geistiger Vater der Quantenmechanik, Instrumentalist. Auf ihn geht die Kopenhagener Interpretation der Quantentheorie zurück. Diese instrumentalistische Deutung verbietet die Frage, ob zum Beispiel ein Elektron ein Teilchen oder eine Welle ist. Die Physik muss sich auf die Beschreibung von Messapparaten und Experimenten beschränken. Kritiker nennen diese Haltung die »Shut up and calculate«-Interpretation der Quantentheorie (»Halt's Maul und rechne!«).

Jorge Luis Borges (1899–1986), argentinischer Schriftsteller mit überragender Phantasie. In seinen Erzählungen schleicht sich das Unendliche immer wieder in die Alltagswelt. Dass Borges nie den Nobelpreis bekam, spricht nach Meinung seiner Anhänger gegen den Nobelpreis.

Tycho Brahe (1546–1601), sagenumwobener dänischer Star-Astronom, später kaiserlicher Hofmathematiker in Prag. Der **Kopernikus**-Fan entwarf das geoheliozentrische Weltbild: Die Erde ruht im Zentrum des Universums und wird von der Sonne umkreist. Alle übrigen Planeten kreisen um die Sonne. Mithilfe von Brahes Aufzeichnungen der Planeten- und Sternbewegungen entdeckt **Johannes Kepler**, Nachfolger Brahes am kaiserlichen Hof in Prag, die Keplerschen Gesetze der Planetenbewegung. Sie verhelfen dem kopernikanischen System zum Durchbruch.

Giordano Bruno (1548–1600), italienischer Philosoph und Ketzer. Er verfocht die Vorstellung vieler Welten, weil er wusste, dass er damit die Kirche ärgern konnte, und nahm dabei einige Ideen heutiger Kosmologen vorweg. Wie nachtragend die Kirche ist, zeigte sich 1889, als der Vatikan die Gedenkstatue Brunos am Platz seiner Hinrichtung so drehen ließ, dass sein Gesicht immer im Schatten liegt.

Heber Curtis (1872–1942), Astronom im Nadelstreifenanzug. Kämpfte für das unendliche Universum. In der »Großen Debatte« über die Ausdehnung des Universums argumentierte Curtis 1920, die Milchstraße sei kleiner als bislang angenommen, und die mit Teleskopen entdeckten Nebel seien ferne Galaxien ähnlich der Milchstraße. Sein Kontrahent **Harlow Shapley** glaubte, die Milchstraße sei viel größer und identisch mit dem gesamten Universum. Die Debatte endete unentschieden. Erst **Edwin Hubble** konnte 1924 zweifelsfrei nachweisen, dass die Nebel weit außerhalb der Milchstraße liegen und ferne Galaxien sind.

David Deutsch (geboren 1953), Quantenphysiker wie aus dem Bilderbuch, kauzig-genial, arbeitet meist nachts in seinem Häuschen in Oxford. Er vertritt die Viele-Welten-Interpretation der Quantenphysik, derzufolge die Welt sich unaufhörlich in Parallelwelten verzweigt. Von ihm stammen erste Ideen für einen Quantencomputer, der viele Rechenaufgaben parallel – Deutsch sagt: in unterschiedlichen Welten – lösen kann.

Albert Einstein (1879–1955), Wegbereiter der Urknalltheorie. Schuf mit seiner Relativitätstheorie unbeabsichtigt die Voraussetzung für die Urknalltheorie. Einstein glaubte zunächst an ein statisches Universum. Seine Gleichungen sagten jedoch ein Universum vorher, das unter seiner eigenen Schwerkraft in sich zusammenstürzen müsste oder sich aber für immer ausdehnte. Also fügte Einstein eine Konstante hinzu, die einer Art Antischwerkraft entsprach, um das Weltsystem im Gleichgewicht zu halten. Als **Edwin Hubble** zeigte, dass das Universum tatsächlich expandiert, machte Einstein einen Rückzieher und sprach von der »größten Eselei« seines Lebens. Als Astronomen 1998 jedoch entdeckten, dass sich das Universum beschleunigt ausdehnt, fügten sie Einsteins Antischwerkraft wieder in die Gleichungen ein. Vielleicht treibt sie auch die ewige Aufblähung des Raums an: **Andrei Lindes** Theorie des Multiversums.

Hugh Everett (1930–1982), Quantenphysiker, Rüstungsunternehmer, Kettenraucher und Vater von **Mark Everett**, der seinem Vater bescheinigte, in der kleinstmöglichen Welt gelebt zu haben: »in seinem Kopf«. Hugh Everett begründete die Viele-Welten-Deutung der Quantenmechanik, die lange im Exotenstatus dahindämmerte, inzwischen aber zur Mehrheitsmeinung avanciert.

Mark Everett (geboren 1963), Rockmusiker und Sohn von **Hugh Everett**. Erinnert sich an »drei oder vier Worte, die mein Vater während unserer gemeinsamen Jahre zu mir gesagt hat«. Hugh verarbeitete die Zeit des Schweigens in seiner Musik. Einige seiner besten Lieder handeln von seinem Vater.

Sigmund Freud (1856–1939), **Kopernikus**-Analytiker. Schrieb 1917 über die kopernikanische Revolution: »Zwei große Kränkungen ihrer naiven Eigenliebe hat die Menschheit im Laufe der Zeiten von der Wissenschaft erdulden müssen. Die erste, als sie erfuhr, dass unsere Erde nicht der Mittelpunkt des Weltalls ist, sondern ein winziges Teilchen eines in seiner Größe kaum vorstellbaren Weltsystems. Sie knüpft sich für uns an den Namen Kopernikus, obwohl schon die alexandrinische Wissenschaft Ähnliches verkündet hatte.« Die zweite Kränkung sei Darwins Evolutionstheorie gewesen.

Galileo Galilei (1564–1642), Sterngucker. Begründete die moderne Naturwissenschaft durch die Verknüpfung von

Theorie und Experiment. Vor 400 Jahren blickte er zum ersten Mal durch ein Fernrohr in den Himmel. Seine Beobachtung der Jupitermonde, der Sonnenflecken und der Venusphasen verhalfen dem kopernikanischen Weltbild zum Durchbruch.

Kurt Gödel (1906–1978), österreichisch-ungarischer Mathematiker und laut John von Neumann »der größte Logiker seit Aristoteles«. Sogar die Existenz Gottes glaubte Gödel aus purer Logik ableiten zu können, er führte einen Gottesbeweis in einem exotischen System namens Modallogik zweiter Stufe. Sein berühmtestes Ergebnis war allerdings eine negative Aussage: Kein wahres System logischer Formeln kann je die Wahrheit vollständig erfassen. Gödel hungerte sich zu Tode, als seine Frau nicht mehr für ihn kochen konnte.

David Gross (geboren 1941), Weltformel-Verteidiger, Nobelpreisträger für Physik 2004 und prominentester Gegner der Multiversums. Er will weiter nach der »Theorie für Alles« suchen, gibt den Traum von der Weltformel nicht auf. Die Theorie vom Multiversum sei unüberprüfbar, erkläre gar nichts und sei daher »eine gefährliche Idee«.

Stephen Hawking (geboren 1942) gelähmter Astrophysiker und wissenschaftlicher Superstar. Sein Buch *Eine kurze Geschichte der Zeit* ist ein Weltbestseller. Hawking ist Experte für Singularitäten, also mathematische Unendlichkeiten, wie sie in den Gleichungen für Schwarze Löcher oder den Urknall auftreten. Er hegt Sympathien für die Viele-Welten-Interpretation der Quantentheorie.

Edwin Hubble (1883–1953), Titan der Astronomen, Amateurboxer. Als er in den Zwanzigerjahren das Licht der

Sterne vermaß, entdeckte er die Rotverschiebung des Lichtspektrums. Ursache ist der Dopplereffekt: Die Sterne entfernen sich voneinander, dadurch wird die Wellenlänge gedehnt. Die Entdeckung lieferte ein wichtiges Indiz für die Expansion des Weltalls und die Urknalltheorie.

Michio Kaku (geboren 1947), omnipräsenter Physikpopularisierer und Welterklärer. Sendet auf allen Kanälen von Myspace über BBC bis ZDF, Autor zahlreicher Bücher an der Grenze zwischen Kosmologie und Science-Fiction.

Johannes Kepler (1571–1630), leidgeplagter Astronom und **Kopernikus**-Fan. **Galileo Galilei** und **Tycho Brahe** schätzten seine mathematischen Fähigkeiten. Berühmt wurden die Kepler'schen Gesetze, denen zufolge die Planeten auf elliptischen Bahnen um die Sonne ziehen. Sie verhalfen dem heliozentrischen Weltbild zum Durchbruch. Nach Brahes Tod wurde Kepler dessen Nachfolger als kaiserlicher Hofastronom in Prag.

Nikolaus Kopernikus (1473–1543), Domherr, Astronom und Revolutionär wider Willen. Schuf das heliozentrische Weltbild und zettelte damit die kopernikanische Revolution an. Die Sonne steht demnach im Zentrum des Weltalls, die Erde kreist ebenso wie die anderen Planeten um die Sonne, der Mond kreist um die Erde. Zu seinen Lebzeiten wurden mathematische Gedankenspiele zur besseren Vorhersage der Planetenpositionen auch von der Kirche toleriert. Erst 1616 kam das kopernikanische System auf den Index.

Thomas Kuhn (1922–1996), Wissenschaftsphilosoph, -soziologe und -historiker. Wissenschaft ist Kuhn zufolge kein kontinuierliches Anhäufen von Erkenntnis, sondern geprägt von Phasen der Normalwissenschaft, unterbrochen von wissenschaftlichen Revolutionen, die zu einem »Paradigmenwechsel« führen. Sein Lieblingsbeispiel war die kopernikanische Revolution. Kuhns Wissenschaftstheorie war sehr einflussreich, der Paradigmenwechsel ist heute ein alltäglicher (und überstrapazierter) Begriff. Auch Kuhn konnte allerdings nicht vorhersagen, welche Theorien am Ende der Revolution siegen würden.

Gottfried Wilhelm Leibniz (1646–1716), deutscher Philosoph, Lieblingsfeind von **Isaac Newton** und vielleicht der letzte Universalgelehrte der Geschichte. Er war überzeugt, in »der besten aller möglichen Welten« zu leben, und verbrachte einen großen Teil seines Lebens damit zu erklären, warum es trotzdem so viel Böses um ihn herum gibt.

Georges Lemaître (1894–1966), belgischer Physiker und Priester. Formulierte als Erster eine Urknalltheorie. Das Weltall sei aus einem »Uratom« hervorgegangen, schrieb er in den Zwanzigerjahren. Die These beruhte auf einer Lösung von **Einsteins** Relativitätstheorie, die Lemaître gefunden hatte. Einstein fand Lemaîtres Physik »scheußlich«.

David Lewis (1941–2001), amerikanischer Philosoph und »der größte systematische Metaphysiker seit **Leibniz**«, wie ihn einer seiner Mitphilosophen an der Princeton University einmal nannte. Über die Philosophenschaft hinaus wurde Lewis kaum bekannt, und auch unter Kollegen hatte er zwar viele Bewunderer, aber nur wenige Anhänger. Lewis glaubte, dass alle möglichen Welten so wirklich sind wie unsere.

Andrei Linde (geboren 1948), Physiker aus Russland, inzwischen nach Kalifornien ausgewandert. Einer der Urheber der inflationären Kosmologie, also des Schaumbad-Multiversums. Glaubt nicht nur, dass ein Universum zu wenig ist, sondern auch, dass ein Gott zu wenig ist: »Eine der Grundannahmen der Physiker – dass ein paar Naturgesetze alles beschreiben können, was es gibt – ist ein Auswuchs der monotheistischen Tradition.«

Ernst Mach (1838–1916), österreichischer Physiker, Erkenntnistheoretiker und Positivist. Die Realität ist alles, was wir beobachten können, meinte Mach. Was wir dagegen nicht wahrnehmen können, ist Metaphysik und damit Hokuspokus. Seine Kritik an **Newtons** Ideen zum absoluten Raum und zur absoluten Zeit beeinflusste Einsteins Entwurf der Relativitätstheorie. Von einem Alter des gesamten Universums zu sprechen hielt er für unsinnig, ebenso bestritt er die von **Einstein** postulierte Existenz von Atomen. Auch das Multiversum hätte er sicher als Hirngespinst verschmäht.

Isaac Newton (1643–1727), englischer Physiker, Alchemist und Verwaltungsbeamter. Wurde im Herbst 1666 Zeuge, wie ein Apfel vom Baum fiel, wunderte sich darüber und erkannte, dass es an der Schwerkraft liegen muss. Mit **Gottfried Wilhelm Leibniz** verband ihn eine der fruchtbarsten Feindschaften der Wissenschaftsgeschichte. Beide behaupteten, die Differentialrechnung zuerst erfunden zu haben. Und beide spekulierten über andere Welten.

Friedrich Nietzsche (1844–1900), deutscher Philosoph. Für seinen »tiefsten Gedanken« befand er die Idee der »ewigen Wiederkunft«: Das kosmische Geschehen wiederholt sich immer wieder. Einige kosmologische Theorien von heute bestätigen ihn darin.

Karl Popper (1902–1994), Lieblingsphilosoph vieler Physiker. Theorien müssten so beschaffen sein, dass man sie widerlegen – falsifizieren – kann, forderte Popper. Die Idee vom Multiversum sei nicht falsifizierbar und daher keine Wissenschaft, bemängeln Popper-Fans wie **Lee Smolin**. Poppers Philosophie gilt heute zum Teil als überholt, denn auch vermeintlich objektive Fakten, die eine Theorie widerlegen sollen, hängen häufig von der Theorie selbst ab. **Thomas Kuhn** kritisierte den Falsifikationismus als wirklichkeitsfremd.

Claudius Ptolemäus (um 100 bis 175 n. Chr.), bedeutendster Astronom der Antike, prominentester Vertreter des geozentrischen Weltbildes. Entwickelte ein ausgefeiltes System der Planetenbewegungen, aufbauend auf dem geozentrischen Weltbild des **Aristoteles**. Um die Pirouetten der unregelmäßig über den Nachthimmel eiernden Planeten zu beschreiben, führte er Dutzende von Kreisen und Hilfskreisen ein. Arabische Gelehrte und später **Nikolaus Kopernikus** versuchten die Himmelsbeschreibung wieder stärker zu physikalisieren, also durch konkrete Mechanismen wie rotierende Kugelschalen zu erklären.

Sir Martin Rees (geboren 1942), einflussreicher britischer Astronom. Die Queen adelte ihn 1995 zum *Astronomer Royal* – ein Titel, mit dem sich seit 1675 erst fünfzehn britische Astronomen schmücken durften. Zehn Jahre später wurde er ins Oberhaus berufen und zum Präsidenten der *Royal Society* gewählt. In dieser Position ist er heute Großbritanniens höchster Repräsentant der Wissenschaft.

Erwin Schrödinger (1887–1961), österreichischer Physik-Nobelpreisträger, Dandy und Mitbegründer der Quantenphysik. Die Schrödinger-Gleichung ist die zentrale Formel der Quantentheorie. Ihre Gültigkeit ist unbestritten, ihre Deutung nicht. Schrödinger formulierte sein Unbehagen in einem berühmten Gedankenexperiment mit dem Fazit: Wenn die Quantentheorie wirklich universell gültig ist, müsste es auch Katzen geben, die zugleich tot und lebendig sind. **Hugh Everetts** Viele-Welten-Deutung der Quantentheorie geht noch einen Schritt weiter und wendet die Theorie auf das gesamte Universum an.

Harlow Shapley (1885–1972), Sohn eines amerikanischen Farmers, Schulabbrecher, Ameisenfan und einer der bedeutendsten Astronomen seiner Zeit. Er ist vor allem für einen Irrtum berühmt: In der Großen Debatte verfocht er gegen **Heber Curtis** die Meinung, das Universum bestehe nur aus der Milchstraße. **Edwin Hubble** widerlegte ihn später.

Lee Smolin (geboren 1955), **Popper**-Fan, Polemiker und Stringtheorie-Kritiker. Prominenter Vertreter der Schleifenquantengravitation, der zufolge der Raum aus kleinsten unteilbaren Raumatomen besteht. Diese Theorie konkurriert mit der Stringtheorie. Beide wollen Gravitationstheorie und Quantentheorie vereinen, bislang ohne Erfolg.

Leonard Susskind (geboren 1940), Stringtheoretiker und Provokateur. Aufgewachsen in New York, rebellisches Gemüt, seit 1979 Professor in Stanford. Er hat die Stringtheorie mitentwickelt und glaubte lange Zeit an die Weltformel. Seit 2003 vertritt er die Position, dass die Theorie quasi unendlich viele Universen beschreibt. Seine Kehrtwende war für viele Wissenschaftler ein Signal, für andere eine Enttäuschung.

Max Tegmark (geboren 1967), schwedisch-amerikanischer Kosmologe und Multiversumsprophet. Fachleute schätzen ihn für seine Auswertung von astronomischen Beobachtungen von Galaxien und dem Urknall-Echo. Der Theoretiker vom Massachusetts Institute of Technology spekuliert aber auch gern über philosophische Fragen. Von ihm stammt die radikalste aller Multiversums-Ideen, der zufolge jede mathematische Struktur einem real existierenden Universum entspricht.

Alexander Vilenkin (geboren 1950), Doppelgänger-Theoretiker. Physikstudium in Charkow (Ukraine), ausgewandert 1976, heute Physikprofessor an der Tufts University bei Boston in Massachusetts. Von ihm und **Andrei Linde** stammt die Theorie der ewigen Inflation. Die Schlussfolgerung, dass in fernen Welten Doppelgänger der Menschen existieren könnten (»Und – ja! – Elvis lebt noch!«), veröffentlichte er 2001 im angesehenen Fachblatt *Physical Review*.

Steven Weinberg (geboren 1933), Physik-Alphatier und prominenter Atheist. 1979 wurde er für seine Arbeiten zur Vereinheitlichung der Physik mit dem Nobelpreis ausgezeichnet. In den Achtzigerjahren machte er die Vorhersage, dass die Antischwerkraft, die das Universum aufbläht, nicht zu groß sein darf, weil andernfalls keine Galaxien und kein Leben hätten entstehen können. Multiversumstheoretiker feiern diese Vorhersage als Beleg für die Nützlichkeit des anthropischen Prinzips.

Literatur

Baumann, Kurt/Sexl, Roman: *Die Deutungen der Quantentheorie.* 3. Auflage, Wiesbaden 1987
Barrow, John D.: *Einmal Unendlichkeit und zurück*, Frankfurt/Main 2006 (englische Originalausgabe: *The Infinite Book: A Short Guide to the Boundless, Timeless and Endless*, London 2005)
Borges, Jorge Luis: »Der Garten der Pfade, die sich verzweigen«, in: *Fiktionen. Erzählungen 1939–1944*, Frankfurt 1992 (*El jardin de senderos que se bifurcan*, Buenos Aires 1941)
Bruno, Giordano: *Über das Unendliche, das Universum und die Welten*, Stuttgart 2004 (italienische Originalausgabe 1584)
Buber, Martin: *Das Problem des Menschen*, Heidelberg 1948
Carr, Bernhard (Hg.): *Universe or Multiverse?* Cambridge 2007
Carrier, Martin: *Nikolaus Kopernikus*, München 2001
Caspar, Max: *Johannes Kepler*, Stuttgart 1948
Chown, Marcus: *Warum Gott doch würfelt*, München 2005 (englische Originalausgabe: *Quantum Theory cannot hurt you. A Guide to the Universe*, London 2005)
Christianson, Gale E.: *Edwin Hubble*, New York 1995
Davies, Paul: *The Goldilocks Enigma*, London 2006
Dawkins, Richard: *Der Gotteswahn*, Berlin 2007 (amerikanische Originalausgabe: *The God Delusion*, New York 2006)
Falkenburg, Brigitte: *Kants Kosmologie*, Frankfurt/Main 2000
Ferguson, Kitty: *Tycho & Kepler*, New York 2002
Feyerabend, Paul: *Wider den Methodenzwang*, Frankfurt/Main 1986
Galileo Galilei, *Brief an Liceti vom 10. Februar 1640, Opere, Vol XVIII*, Florenz 1906
Gamow, George: *My World Line*, New York 1970
Gingerich, Owen: *The Eye of Heaven*, American Institute of Physics, New York 1993
Greene, Brian: *Der Stoff, aus dem der Kosmos ist*, München 2004 (amerikanische Originalausgabe: *The Fabric of the Cosmos: Space, Time, and the Texture of Reality*, New York 2005)

Greene, Brian: *Das elegante Universum*, München 2001 (amerikanische Originalausgabe: *The Elegant Universe*, New York 1999)
Hasinger, Günther: *Das Schicksal des Universums*, München 2007
Hawking, Stephen: *Eine kurze Geschichte der Zeit*, Reinbek 1988 (amerikanische Originalausgabe: *A Brief History of Time: From the Big Bang to Black Holes*, New York 1988)
Hedrich, Reiner: *Von der Physik zur Metaphysik*, Heusenstamm 2007
Hippolytus von Rom: *Widerlegung aller Häresien* (Philosophumena), München 1922
Hoyle, Fred: *Home Is Where the Wind Blows*, New York 1994
James, William: *The Will to Believe*. Dover 1957 (Originalausgabe 1895),
Kaku, Michio: *Im Paralleluniversum*, Reinbek 2005 (amerikanische Originalausgabe: *Parallel Worlds: The Science of Alternative Universes and Our Future in the Cosmos*, New York 2005)
Kehlmann, Daniel: *Ruhm*, Hamburg 2009
Kirshner, Robert: *The Extravagant Universe*, Princeton 2002
Koyré, Alexandre: *Von der geschlossenen Welt zum unendlichen Universum*, Frankfurt/Main 1969 (amerikanische Originalausgabe: *From the Closed World to the Infinite Universe*, Baltimore 1957)
Kragh, Helge: *Quantum Generations*, Princeton 1999
Kragh, Helge: *Conceptions of Cosmos*, Oxford 2007
Kuhn, Thomas S.: *Die kopernikanische Revolution*, Braunschweig 1980 (amerikanische Originalausgabe: *The Copernican Revolution*, Harvard 1957)
Laughlin, Robert B.: *Abschied von der Weltformel*, München 2007 (amerikanische Originalausgabe: *A Different Universe – Reinventing Physics from the Bottom Down*, New York 2005)
Lewis, David: *On the Plurality of Worlds*, Oxford 1986
Moorcock, Michael: *Der ewige Held*, Bergisch Gladbach 1989
Nabokov, Vladimir: *Ada oder das Verlangen. Aus den Annalen einer Familie*, Reinbek 1974 (englische Erstausgabe: *Ada*, London 1969)
Niven, Larry: *All the Myriad Ways*, New York 1971
Pynchon, Thomas: *Gegen den Tag*, (amerikanischeOriginalausgabe: *Against the Day*, New York 2006)
Prowe, Leopold: *Nicolaus Copernicus, Erster Band: Das Leben*, Osnabrück 1967 (erste Ausgabe 1883)
Rees, Martin: *Das Rätsel unseres Universums*, München 2003 (englische Originalausgabe: *Just Six Numbers*, London 1999)
Scheibe, Erhard: *Die Philosophie der Physiker*, München 2006
Shapley, Harlow: *Through Rugged Ways to the Stars*, New York 1969

Singh, Simon: *Big Bang*, München 2005 (englische Originalausgabe: *Big Bang. The Origin of the Universe*, London 2005)
Smolin, Lee: *The Trouble with Physics*, New York 2007
Susskind, Leonard: *The Cosmic Landscape*, New York 2005
Vilenkin, Alex: *Kosmische Doppelgänger*, Heidelberg 2008 (amerikanische Originalausgabe: *Many Worlds in One: The Search of Other Universes*, New York 2006)
Waschkies, Hans-Joachim: *Physik und Physikotheologie des jungen Kant*, Amsterdam 1987
Zeh, Juli: *Schilf*, Frankfurt/Main 2007

Alan Weisman

Die Welt ohne uns

Reise über eine unbevölkerte Erde. Aus dem Amerikanischen von Hainer Kober. 384 Seiten. Piper Taschenbuch

Was wäre, wenn wir Menschen von einem Tag auf den anderen verschwinden würden? Zum Beispiel morgen. Ein ungeheures Gedankenexperiment! Alan Weisman entwirft in seinem Bestseller das Szenario einer unbevölkerten Erde – gestützt auf das Wissen von Biologen, Geologen, Physikern, Architekten und Ingenieuren und mit atemberaubender Fantasie. Schritt für Schritt vollzieht er nach, wie die Natur unseren Planeten zurückerobert, und führt dem Leser dabei zweierlei vor Augen: was der Mensch in Jahrtausenden zu schaffen vermochte und über welch unerhörte Macht die Natur verfügt.

»Alan Weisman wagt ein kühnes Experiment.«
Der Spiegel

05/2329/02/L

Matthias Horx

Wie wir leben werden

Unsere Zukunft beginnt jetzt. 400 Seiten. Piper Taschenbuch

Wie sieht unsere Zukunft aus? Werden wir Menschen klonen? Enden wir alle als Singles? Wie entwickeln sich die Religionen? Werden wir den Tod besiegen? Auf der Grundlage umfangreicher Studien entwirft Matthias Horx, der profilierteste Trendforscher Deutschlands, ein fundiertes und optimistisches Bild unseres Lebens in den nächsten Jahrzehnten. Seine Botschaft lautet: Wir können jetzt die Weichen stellen, um in Zukunft freier und selbstbestimmter zu leben.

»Ein leicht zu verstehendes und dennoch kluges Kompendium. Wer es liest, lernt eine Menge und darf sich gleichzeitig ein wenig von den ansonsten so beliebten Weltuntergangs-Szenarien erholen. Mehr kann der Leser von einem seriösen Zukunftsforscher wohl kaum erwarten.«
Süddeutsche Zeitung

05/2328/02/R